电磁诱导透明超材料

Electromagnetically induced transparency metamaterial

■ 舒 昌 著

哈尔滨工业大学出版社
HARBIN INSTITUTE OF TECHNOLOGY PRESS

内 容 简 介

本书所介绍的超材料是 20 世纪 90 年代在物理学领域兴起的一种材料,其值于超材料的电磁诱导透明结构在慢光存储、高灵敏度传感器和电磁波偏振转换等领域中展现出了广阔的应用前景,目前已成为国内外超材料研究的热点之一。

本书主要根据作者我年来的科研成果,并结合该领域的研究现状和一些代表性成果撰写而成,以供相关领域的科研人员参考。

图书在版编目(CIP)数据

电磁诱导透明超材料/舒昌著. —哈尔滨:哈尔滨工业大学出版社,2024.3
ISBN 978 - 7 - 5767 - 1281 - 0

Ⅰ.①电…　Ⅱ.①舒…　Ⅲ.①磁性材料　Ⅳ.①TM271

中国国家版本馆 CIP 数据核字(2024)第 050485 号

DIANCI YOUDAO TOUMING CHAOCAILIAO

策划编辑　刘培杰　张永芹
责任编辑　关虹玲
封面设计　孙茵艾
出版发行　哈尔滨工业大学出版社
社　　址　哈尔滨市南岗区复华四道街 10 号　邮编 150006
传　　真　0451 - 86414749
网　　址　http://hitpress.hit.edu.cn
印　　刷　哈尔滨市颉升高印刷有限公司
开　　本　787 mm×1 092 mm　1/16　印张 10　字数 174 千字
版　　次　2024 年 3 月第 1 版　2024 年 3 月第 1 次印刷
书　　号　ISBN 978 - 7 - 5767 - 1281 - 0
定　　价　68.00 元

前　言

超材料是 20 世纪 90 年代在物理学领域兴起的一种材料，它是一种人造的由周期或非周期结构单元构成的亚波长复合结构或复合材料，是能够产生天然材料所不具备的超常物理特性的有效均匀媒质。目前，超材料在材料科学、电磁学以及交叉学科都受到了广泛的关注，曾被 *Science* 杂志评为人类最重大的十项科技突破之一。其中，电磁诱导透明超材料是指基于超材料技术实现电磁诱导透明现象的一类电磁超材料。由于不受原子系统电磁诱导透明现象所需的低温环境和高强度气体激光器等苛刻条件限制，基于超材料的电磁诱导透明结构在慢光存储、高灵敏度传感器和电磁波偏振转换等领域中展现出了广阔的应用前景，已成为目前国内外超材料研究的热点之一。本书主要根据作者多年来的科研成果，并结合该领域的研究现状和一些颇具代表性成果撰写而成，以供相关领域的科研人员参考。

本书共有 11 章。第 1 章介绍了超材料的基本特性和应用领域，着重介绍了电磁超材料的材料体系和常用仿真软件；第 2 章分别介绍了原子系统和基于超材料的电磁诱导透明现象，并阐述了国内外基于超材料的电磁诱导透明研究现状；第 3 章介绍了 EIT（电磁诱导透明）超材料的基本理论和研究方法，主要包括电磁超材料数值计算方法、二粒子机械模型、三粒子机械模型和 EIT 超材料的有效参数提取；第 4 章介绍了 EIT 超材料的制备与测试方法；第 5 章介绍了基于金属的 EIT 超材料；第 6 章介绍了基于石墨烯的明−明模式耦合 EIT 超材料；第 7 章介绍了基于石墨烯的明−暗模式耦合 EIT 超材料；第 8 章介绍了基于石墨烯的明−明−明模式耦合双峰 EIT 超材料；第 9 章介绍了基于石墨烯的暗−明−暗模式耦合双峰 EIT 超材料；第 10 章介绍了基于金属−石墨烯混合 EIT 超材料；第 11 章介绍了基于金属−二氧化钒混合 EIT 超材料。

限于作者水平，书中难免存在不足和疏漏，欢迎读者批评、指正。

舒昌

目　　录

第1章　超材料基础 1

1.1　超材料的定义与特性 1

1.1.1　超材料的基本概念和定义 1

1.1.2　超材料的分类 1

1.1.3　电磁超材料的特性 2

1.2　电磁超材料的应用领域 2

1.3　电磁超材料的材料体系 4

1.4　电磁超材料常用的仿真软件 5

第2章　电磁诱导透明现象 6

2.1　原子系统电磁诱导透明现象 6

2.2　基于超材料的 EIT 现象 6

2.3　国内外 EIT 超材料研究现状 8

第3章　EIT 超材料的基本理论和研究方法 25

3.1　电磁超材料数值计算方法 25

3.2　二粒子机械模型 28

3.3　三粒子机械模型 33

3.4　EIT 超材料的有效参数提取 36

第4章　EIT 超材料的制备与测试方法 41

4.1　EIT 超材料的制备方法 41

4.1.1　衬底的制备 41

4.1.2　结构单元材料的制备 41

4.2　EIT 超材料电磁特性的测试方法 42

第5章　基于金属的 EIT 超材料 45

5.1　金属 EIT 结构与机理 45

5.1.1　建立模型 45

5.1.2　EIT 机理 47

5.2　电磁特性调节 50

5.3　调节机理分析 53

5.4　金属 EIT 结构的实验结果和误差分析 55

5.4.1 实验结果 55

5.4.2 误差分析 57

第 6 章 基于石墨烯的明-明模式耦合 EIT 超材料 61

6.1 明-明模式耦合的石墨烯 EIT 结构与机理 61

6.1.1 建立模型 61

6.1.2 EIT 机理 63

6.2 电磁特性调节 67

6.3 调节机理分析 74

第 7 章 基于石墨烯的明-暗模式耦合 EIT 超材料 78

7.1 明-暗模式耦合的石墨烯 EIT 结构与机理 78

7.1.1 建立模型 78

7.1.2 EIT 机理 80

7.2 电磁特性调节 84

7.3 调节机理分析 92

第 8 章 基于石墨烯的明-明-明模式耦合双峰 EIT 超材料 96

8.1 明-明-明模式耦合双峰 EIT 结构与机理 96

8.1.1 建立模型 96

8.1.2 EIT 机理 97

8.2 电磁特性调节 99

8.3 调节机理分析 101

第 9 章 基于石墨烯的暗-明-暗模式耦合双峰 EIT 超材料 106

9.1 暗-明-暗模式耦合双峰 EIT 结构与机理 106

9.1.1 建立模型 106

9.1.2 EIT 机理 107

9.2 电磁特性调节 110

9.3 调节机理分析 112

第 10 章 基于金属-石墨烯混合 EIT 超材料 115

10.1 金属和石墨烯混合 EIT 结构与机理 115

10.1.1 建立模型 115

10.1.2 EIT 机理 117

10.2 电磁特性调节 120

10.3 调节机理分析 124

    10.3.1 二粒子机械模型分析 124

    10.3.2 有效电磁参数分析 125

第 11 章 基于金属−VO$_2$ 混合 EIT 超材料 130

11.1 金属和 VO$_2$ 混合 EIT 结构与机理 130

    11.1.1 建立模型 130

    11.1.2 EIT 机理 132

11.2 电磁特性调节 136

11.3 调节机理分析 139

参考文献 141

第 1 章 超材料基础

1.1 超材料的定义与特性

1.1.1 超材料的基本概念和定义

超材料（metamaterial）是 20 世纪 90 年代在物理学领域兴起的一种材料，它是一种由周期或非周期结构单元构成的亚波长复合结构或复合材料[1]。目前，关于超材料还没有一个权威的定义，但普遍认可的是，它是一种人造的、能够产生天然材料所不具备的超常物理特性的有效均匀媒质，其超常的物理性质不仅与构成材料的内在参数有关，更取决于其中的几何结构[2]。目前，超材料在材料科学、电磁学，以及交叉学科均受到了广泛的关注，曾被 *Science* 杂志评为人类最重大的十项科技突破之一。

1.1.2 超材料的分类

由于超材料是一种人工合成的、能够产生常规材料所不能产生的物理现象的复合结构材料，因此根据其性质和应用，超材料可以分为电磁超材料、声学超材料、机械超材料、热超材料和量子超材料等。

电磁超材料（electromagnetic metamaterials）：电磁超材料被设计用来在特定频率范围内操纵电磁辐射，目前已实现了一些奇特的电磁波调控现象。

声学超材料（acoustic metamaterials）：声学超材料是一种可以控制、引导和操纵声波的传播和衍射，从而产生一系列奇特现象的复合材料。例如，利用产生的声子晶体效应（phononic crystals）阻止特定频率范围内的声波传播[3-4]。利用声子超透镜（phononic superlens）可以将声波聚焦到超出传统限制的尺度[5]。另外，还可以产生声波的负折射[6]、声波隐身技术（acoustic cloaking）[7] 和声子拓扑绝缘体（phononic topological insulators）[8]等特殊的声波传播方式。

机械超材料（mechanical metamaterials）：机械超材料又称力学超材料，是一种旨在控制力学性质，如弹性、刚度、波的传播速度等性能的复合结构。例如，具有负弹性模量可以用于减震、隔振的负柔度材料（negative stiffness materials）[9]，具有负泊松比性质的均质化超材料（metamaterial homogenization）[10]，具有特性的非线性机械超材料（nonlinear mechanical metamaterials）[11]和多功能机械超材料（multifunctional mechanical metamaterials）[12]等。

热超材料（thermal metamaterials）：热超材料被设计用来控制热传导和辐射，可以实现热量在材料中的非传统传播方式，从而在热管理领域具有潜在应用[13-17]。

量子超材料（quantum metamaterials）：量子超材料是一种结合了量子力学和超材料概念的新型材料，其特点在于利用量子效应，如量子隧穿、量子限域等来控制和调控电磁波的传播和相互作用。通过在微纳尺度上精心设计材料的结构和组分，量子超材料可以展现出独特的光学、电子学和磁学性质，从而在传感、信息处理、光子学等领域具有广泛的应用潜力[18-20]。

1.1.3 电磁超材料的特性

超材料自发现以来就被广泛应用于引导和控制电磁波领域，即电磁超材料，目前一些奇特的电磁波调控现象已被发现并通过试验得到了证明，如负折射现象[21-22]、隐身技术[23]、极性翻转[24]、异常反射[25-26]、逆 Goos-Hanchen 效应[27]、完美吸收[28]、完美透镜效应[29]、反切伦科夫辐射[30]、逆多普勒效应[31]和电磁诱导透明现象等。

1.2 电磁超材料的应用领域

电磁超材料所具备的独特电磁属性为各个领域带来了许多新概念和新颖的设计方案，它的出现也促进电磁学、光学、材料学和先进测量技术等一系列学科的交叉和融合。具体应用领域如下。

1. 通信与信息技术

（1）高速通信：超材料可以用于制造微波和光波导，实现高速通信和数据传输。

（2）频率选择性表面：超材料可以制备出频率选择性表面，实现窄频带滤波和频谱调制，有助于频谱资源的高效利用。

（3）天线和射频器件：超材料天线可以实现多频段操作和指向性辐射，提升天线性能。

（4）信息存储：超材料可以在信息存储领域实现光控制的数据存储技术，如光学存储器件和光控存储单元。

（5）量子光学通信：超材料可以在量子通信中实现量子态的控制和传输，有助于构建安全的量子通信网络。

2. 成像与传感

（1）超分辨率成像：超材料透镜和超透射性质可以实现超分辨率光学成像，有助于观察微观尺度的细节。

（2）光子晶体传感器：超材料结构可用于制造高灵敏度的光子晶体传感器，用于检测微量生物分子和化学物质。

3. 医学和生物应用

（1）光热疗法：超材料的光吸收特性可用于光热疗法，如癌症治疗和细胞杀灭。

（2）生物成像：超材料在生物成像中有潜在应用，如生物标记和药物输送。

4. 能源领域

（1）太阳能电池：超材料可以用于增强光吸收效率，提高太阳能电池的能量转化效率。

（2）热辐射控制：超材料的热辐射控制特性可用于制造热辐射调控材料，有助于提高能源转换效率。

5. 光学器件设计

（1）透镜和透射器件：超材料可以用于制造特殊功能的透镜，如超透镜和反透镜，改变光学成像方式。

（2）光学调制器：超材料结构可以用于制造光学调制器，实现光信号的调制和控制。

（3）光子集成电路：超材料可以在光子集成电路中实现各种功能，如光波导、光调制器和光开关，从而促进光子学领域的发展。

（4）紧凑型光学器件：超材料可以实现紧凑型光学器件，如微型光学透镜和光学天线，从而为微小化光学器件的制造提供可能。

6. 传统材料增强

电磁性能提升：超材料可以用于改善传统材料的电磁性能，如增强材料的吸收和透射特性。

7. 军事与国防

超材料在隐身技术、天线设计、传感和成像方面有军事和国防应用的潜力。

1.3 电磁超材料的材料体系

电磁超材料是一种人工复合结构材料，往往是在衬底上构建亚波长的周期或非周期结构单元，衬底主要起支撑和绝缘作用，亚波长结构单元的形状和材质往往对电磁波的控制起主要作用。以下是亚波长结构单元常见的几种材质。

（1）金属：基于金属的电磁超材料常用金、银、铜等导电金属作为其微观结构的主要成分，这些金属通常被构建成条形带、开口谐振环等结构。金属的电学和机械性质赋予了这些超材料特殊的性质，如其他材料难以实现的负折射指数[32]、能够提供从微波到红外和可见光广泛的频率响应[33-34]、高机械强度和耐腐蚀性，以及易于制备等优点[35]。但基于金属的电磁超材料也存在可见光和紫外线范围内吸收损耗等问题[36]。

（2）半导体：电磁超材料中采用的半导体常见的有光控硅和狄拉克半导体（Dirac semimetal）[37-38]，由于这类半导体的性能可以通过调整入射光强、环境温度和外加电压等方式来改变，为动态调整电磁超材料的特性提供了技术方案，为电磁超材料在光学和电子器件中的应用提供了更加广阔的前景。

（3）电介质：电磁超材料中采用的电介质材料通常为二氧化硅、氧化铝、碳纳米管和聚合物（如聚酰亚胺）等。由于电介质材料通常具有较低的电磁损耗，制备成全介质超材料后特别适用于低损耗的电磁波传输，这对于通信和微波设备等应用非常重要[39]。

（4）相变材料：电磁超材料中常见的相变材料为二氧化钒[40-42]（VO_2）和锗锑碲相变材料（$Ge_2Sb_2Te_5$）[43]。由于相变材料可以通过外在的电学、光学或温度参数的变化实现材料金属相和绝缘相之间的改变，因此可以实时调控电磁超材料的电磁特性。基于相变材料的电磁超材料，已成为多功能电磁超材料器件的主要方案。

（5）石墨烯：一种二维材料，具有出色的宽带频率响应，在可见光和红外光谱范围内都表现出杰出的电磁特性，具有较高的机械强度、较好的耐腐蚀性和卓越的电导率。更为重要的是，石墨烯的电学性质可以通过调整外部电场、电压或掺杂等方法进行实时调控，被认为是一种理想的主动调控超材料平台[44]。然而，需要注意的是，尽管石墨烯在许多方面具有出色的性能，但其制备和集成仍面临一些挑战，如大规模生产、稳定性和成本等问题仍需取得更多突破。

1.4 电磁超材料常用的仿真软件

在超材料的设计与特性研究中，仿真软件扮演着重要的角色，帮助研究人员理解和预测超材料的电磁行为。以下是一些常用的超材料仿真软件。

（1）CST Microwave Studio Suite：CST Microwave Studio Suite（CST 微波工作室）是纯电磁场仿真软件公司 CST 出品的工作室套装软件之一，也是其旗舰产品。现在的 CST Microwave Studio Suite 软件集成了多种算法，是目前集成算法最多的电磁场仿真软件，也是超材料研究领域最常用的电磁仿真软件之一。

（2）Comsol Multiphysics：Comsol Multiphysics（Comsol 多物理）是一款由 Comsol 公司开发和推出的强大的有限元分析（finite element analysis，FEA）软件，它可用于模拟和解决多物理场耦合问题。Comsol Multiphysics 允许工程师、科学家和研究人员创建复杂的数值模型，以研究和优化各种物理现象的相互作用，包括流体动力学、电磁场、传热、结构力学和化学反应等。

（3）HFSS (High-Frequency Structure Simulator)：HFSS 是由 ANSYS 公司开发的一款高频电磁场仿真软件，用于解决电磁波传播、天线设计、射频（RF）、微波器件建模和高频电路分析等电磁场问题。HFSS 是 ANSYS 公司旗下的 ANSYS Electronics Suite 套件中的一部分，为工程师和科学家提供了强大的工具，以模拟和优化高频领域的电磁系统。

（4）Lumerical：Lumerical 是 ANSYS 公司旗下的一款光电仿真软件，主要用于模拟和分析光学和电子器件。这家公司的产品被广泛用于光学通信、激光器设计、光电子器件、纳米光子学和微纳米器件等领域。

（5）MEEP (MIT Electromagnetic Equation Propagation)：MEEP 是由麻省理工学院开发的自由开源电磁仿真软件，用于解决麦克斯韦（Maxwell）方程组，并作为计算电磁学仿真工具。它可以用于模拟光学、电磁、声学和微波等问题。

第 2 章 电磁诱导透明现象

2.1 原子系统电磁诱导透明现象

电磁诱导透明（electromagnetically induced transparency，EIT）最初是 Harris 等人在三能级原子系统中发现的量子干涉现象[45-46]。在耦合场和探测场的相互作用下，介质由于量子干涉作用，对特定电磁波的吸收由强烈变为减弱或消失，使得原本不透明的介质变得透明。电磁诱导透明现象的重要性在于介质在诱导透明的光谱区产生了极大的非线性极化率，并且具有陡峭的色散现象，从而产生入射光的群速度降低的慢光现象[47]。之后，原子系统的 EIT 现象备受科学家们的关注，色散曲线也被相关实验所验证，对于 EIT 现象在光存储、非线性光学和翻转激光等领域的研究起了很大的推动作用。然而，这些研究成果在应用推广时却遇到了很大的困难，原因是原子系统的 EIT 现象往往需要稳定以及高强度激光器和极低的环境温度等苛刻条件。

2.2 基于超材料的 EIT 现象

目前，EIT 现象已经在原子系统、稀土掺杂晶体[48]、半导体量子阱[49]、量子点[50]、玻色－爱因斯坦凝聚体[51]中被观察到。除此之外，2008 年，张霜等人提出了一种超材料结构来模拟原子系统的 EIT 现象[52]，由于该结构设计的物理机制是基于等离子体共振的，所以它也叫等离子体诱导透明（plasmonic induced transparency，PIT）。在这个能够产生类原子系统 EIT 现象的结构中，一个单金属条形带可以与入射电磁波直接耦合呈现出偶极子谐振状态，因此被称为"明原子"；而两个平行的、间距很小的金属条形带由于反对称模式有反传播电流的存在，因此与入射电磁波不存在直接的电偶极子耦合，可以认为是"暗原子"。将"暗原子"与"明原子"以一定的距离放置后，电磁场在两个原子态间产生相互耦合，"明原子"的激发态被抑制，电场变弱，而"暗原子"展现出强电场，耦合强弱由它们之间的距离决定。在传输谱上展现出透明峰，极化率的实部 χ_r 也展现出明显的色散现象，这些都与原子系统的 EIT 现象具有相同的特点。由于 EIT 超材料具有结构简单、易于制造且不受原子系统的低温环境和高强度激光器等苛刻条件的限制，因此它在慢光存储、高灵敏度传感器和电磁波极性翻转等领域中都展现出了广阔的应用前景，并已成为国内外超材料研究的热点之一。图 2-1

为原子系统 EIT 现象和基于超材料的 EIT 现象对比图。

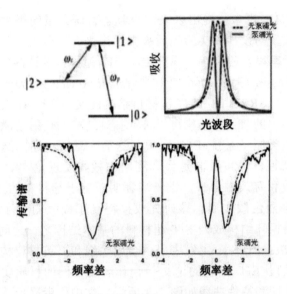

（a）原子系统 EIT 特性图

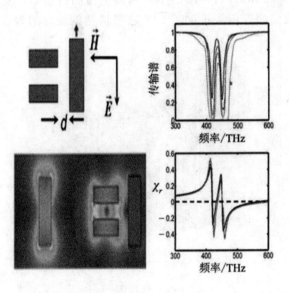

（b）超材料 EIT 结构及特性图

图 2-1 原子系统 EIT 与张霜等人提出的 EIT 超材料的对比图

2.3 国内外 EIT 超材料研究现状

  自 EIT 超材料概念被提出以来，引起了科研人员的极大兴趣。在过去的十余年中，大量的设计和实验先后被报道出来。科研人员基于不同结构、机理、材质、频率以及应用等方面开展了 EIT 超材料设计的广泛研究。

  2009 年，Tassin 等人在著名期刊 *Physical Review Letters* 上发表了两种基于开口谐振环（SRR）的 EIT 超材料结构的文章[53]。在入射电磁波的作用下，EIT 结构中的"暗态"结构可以被"明态"结构的辐射场激发，发生相互耦合，从而产生类原子系统 EIT 现象。这篇文章所描述的结构除了具有较好的透明传输特性，更重要的是作者利用有效媒质理论[54]，推演了该结构的有效介电常数和有效磁导率，进一步证明了基于超材料的 EIT 现象对于入射电磁波的强烈色散作用。该研究成果得到了极大的关注，并被广泛引用，使得开口谐振环结构成为 EIT 超材料的基本结构之一。同年，Tassin 等人又在期刊 *Optics Express* 上发表了由金属短线和石英材料构建的开口谐振环所组成的微波段 EIT 结构的论文[55]，作者用不同的材质实现了不同的品质因数，该结构图和特性曲线如图 2-2 所示。文中作者采用等效电路法对该结构进行了较为详细的分析，给出了影响透明窗的群指数、宽度和吸收特性的有效参数，这些研究成果推动了 EIT 超材料结构设计的理论发展。

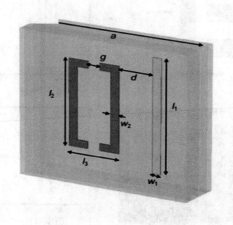

（a）结构图

图 2-2 金属短线和开口谐振环组成的 EIT 结构及其特性曲线

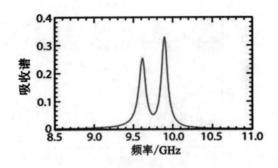

（b）特性曲线

图 2-2　金属短线和开口谐振环组成的 EIT 结构及其特性曲线（续）

Liu 等人设计了三维的 EIT 超材料结构[56]，并利用二粒子模型分析了明暗谐振单元相对位置变化时等效参数的变化。相应研究成果发表在著名期刊 *Nature Material* 上，受到了研究人员的极大关注。截至 2022 年，该文献被引用 1800 余次，该 EIT 结构和等效参数变化情况如图 2-3 所示。Chiam 等

（a）结构图

图 2-3　三维 EIT 超材料结构及二粒子模型分析

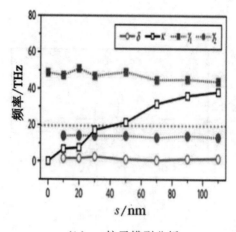

（b）二粒子模型分析

图 2-3　三维 EIT 超材料结构及二粒子模型分析（续）

人通过质子束写入技术（proton beam writing）在硅衬底上加工 Au 材质结构，通过实验验证了基于超材料的 THz 波段 EIT 现象[57]，加工结构图和 EIT 特性曲线如图 2-4 所示。该结构是由闭口环和开口谐振环组合而成的，且都能和入射电磁波直接耦合，但谐振强度和品质因数不同，而这是不同于

（a）结构图

图 2-4　Chiam 等人设计的 EIT 超材料结构及传输特性曲线

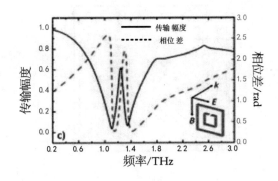

（b）传输特性曲线

图 2-4　Chiam 等人设计的 EIT 超材料结构及传输特性曲线（续）

之前 EIT 超材料的形成机理的。后续的科研人员将这种可与入射电磁波直接耦合但品质因数较大的谐振单元称为准暗态，因此该文献所述的是一种基于明－准暗模式耦合的 EIT 结构。这个研究成果为后续的科研人员开展 EIT 超材料结构设计开辟了新的技术途径。

在 2010 年至 2011 年间，基于超材料的 EIT 现象研究的代表性成果主要集中在构成材料和结构方面。

在构成材料方面，Dong 等人以 Ag 作为谐振材料实现了对周围介质折射率高度敏感的 EIT 传感器[58]，其品质因数（figure of merit，FOM）可达 680 nm/RIU；Tsakmakidis 等人以两个尺寸相同的良导体和不良导体开口谐振环所构成的 EIT 结构实现了负磁导率的 EIT 现象[59]；Kurter 等人以 Nb 超导体在微波段实现了具有低损耗、高透射和高群延时的 EIT 现象[60]；南京大学的 Wu 等人利用 NbN 超导体实现了 THz 波段的 EIT 现象[61]，该设计的另一个特点是具有双透明峰特性，结构图如图 2-5 所示。所谓双透明峰是指在整个传输谱中，出现了两个具有明显吸收减弱、强色散特性的区域。该现象往往是通过在超材料结构中增加不同的暗态谐振单元来实现的，这种具有多个透明峰的 EIT 现象在 Kim 等人[62]的研究成果中也有报道。

在结构方面，Çetin 等人设计了两个非对称 π 型结构级联的紧凑 EIT 结构[63]；Zhang 等人开展了以 SRR 和一对纳米棒所组成的 EIT 结构的近红外波段实验验证工作[64]；Zhang 等人开展了以金属线和一对镜像 SRR 构成的 EIT 结构的微波段实验验证工作[65]，所述的三种 EIT 超材料结构如图 2-6 所示。

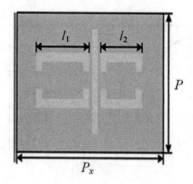

图 2-5　Wu 等人设计的 EIT 超材料结构

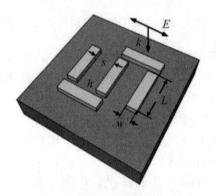

（a）Çetin 设计的 π 型结构

（b）Zhang 设计的 SRR 和纳米棒结构

图 2-6　Çetin 等人设计的不同的 EIT 结构

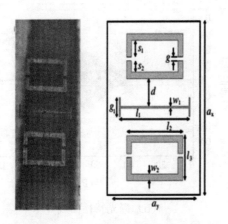

（c）Zhang 设计的金属线和镜像 SRR 结构

图 2-6　Çetin 等人设计的不同的 EIT 结构（续）

另外，Meng 等人设计了由开口谐振器和螺旋谐振器所组成的可在两个正交方向观测到 EIT 现象的 EIT 结构[66]，同时还引用了传输电磁脉冲法，解释了慢光特性，图 2-7 为 Meng 等人设计的 EIT 结构以及利用传输电磁脉冲法展示的慢光特性曲线。他们模拟了中心频率为 1.58 THz、时长为 26 ps 的高斯脉冲入射 EIT 结构的传输特性，结果显示入射脉冲的峰值位于 59.4 ps 处，而透射脉冲的峰值位于 66 ps 处，因此高斯脉冲被 EIT 结构延时了 6.6 ps，该数值是高斯脉冲在真空中传输延时的 33 倍。

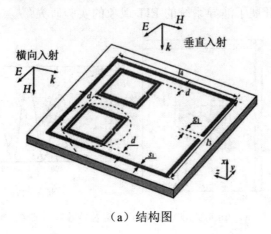

（a）结构图

图 2-7　Meng 等人设计的 EIT 结构及慢光特性曲线

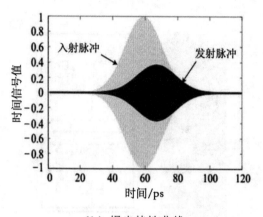

（b）慢光特性曲线

图 2-7　Meng 等人设计的 EIT 结构及慢光特性曲线（续）

　　除此之外，还出现了一些新的产生机理的报道，如 Jin 等人设计了由两个尺寸不同的 Ag 条形带所构成的明−明模式 EIT 结构[67]，该结构和传输特性曲线如图 2-8（a）所示。在相同极化入射光的作用下，两个条形带谐振于不同频率，且都具有较强的谐振强度，在二者强烈耦合的作用下，形成了具有高色散性的透明窗；Liu 等人在 Au 薄层上制作出凹槽形式的偶极天线和四极天线结构[68]，该结构和反射特性曲线如图 2-8（b）所示。这个结构能在宽共振光谱范围内观察到一个明显的耦合诱导反射峰，即 EIR（electromagnetically induced reflectance），扩展了 EIT 现象的显示形式。此外，Sun 等人还开展了波导系统的 EIT 现象的实验研究[69]。

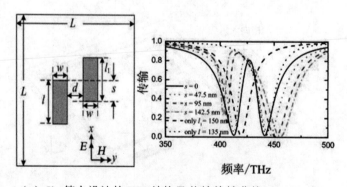

（a）Jin 等人设计的 EIT 结构及传输特性曲线

图 2-8　不同产生机理的 EIT 现象

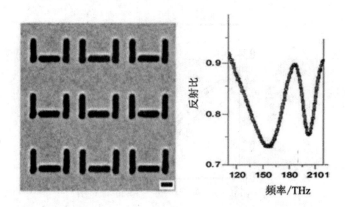

（b）Liu 等人设计的 EIR 结构及反射特性曲线

图 2-8　不同产生机理的 EIT 现象（续）

　　在 2012 年至 2014 年间，Jin 等人设计并利用实验验证了基于相位耦合机制的两个 SRR 构成的 EIT 结构[70]，如图 2-9 所示。该 EIT 现象强烈依赖于入射光的相位，当相位由 30°变化到 0°时，该结构展现出由高透射 EIT 现象到逐渐减弱的趋势，当相位为 0°时，EIT 现象消失。因此，该设计可应用

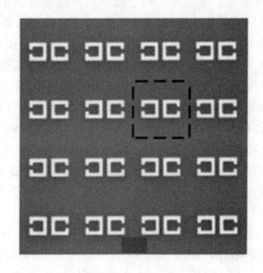

（a）结构图

图 2-9　Jin 等人设计的 EIT 超材料结构及传输特性曲线

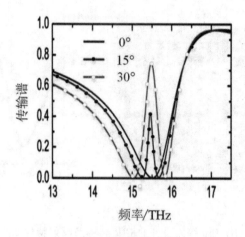

（b）传输特性曲线

图 2-9　Jin 等人设计的 EIT 超材料结构及传输特性曲线（续）

于电磁波开关领域。哈尔滨工业大学吴群课题组的孟繁义等人提出了与微波段电磁波极化无关的 EIT 结构[71]，该结构所产生的 EIT 现象呈现出不随电磁波的极化方向改变而减弱或消失的特点。该结构由螺旋谐振器和 SRR 组成，孟繁义等人从仿真、实验和二粒子模型三个角度对该结构进行了系统的分析，为 EIT 超材料的研究提供了新的方向。之后，该课题组的朱磊又提出了多准暗模结构的极化无关 EIT 结构设计[72]，丰富了极化无关 EIT 超材料的结构组成。此外，Zhang 等人[73]和 Yang 等人[74]分别提出了基于全介质的 EIT 结构。使用全介质谐振单元可以去除焦耳损耗，并得到高品质因数 Q，这些都是在金属超材料中无法实现的。Sun 等人利用 EIT 超材料设计了电磁二极管[75]，该结构可实现在入射功率为−4.4 dB 时 890.9 MHz 频率处的传输对比度为 17.36 dB，比洛伦兹共振形式具有更窄、更陡峭的特性。

　　为了扩大 EIT 超材料结构的频率应用范围，主动可调节 EIT 理念开始得到科研人员的关注。先后有多种方案实现了主动可调节 EIT 现象，如 Gu 等人在蓝宝石衬底上加工了 Al 材质的谐振结构[76]，该结构由条形带和一对 SRR 组成，光导硅被置于 SRR 的缺口处，如图 2-10 所示。实验结果表明当入射光强变化时，由于光导硅的电导率发生变化而导致该结构在 THz 波段呈现出可调节 EIT 现象。当入射光强由 25 mW 增加到 1000 mW 时，透明峰幅度逐渐减少到 50%，当入射光强增加到 1350 mW 时，透明峰完全消失。Cao 等人在蓝宝石衬底上设计并利用实验验证了一种基于热活性超导体和金属耦合的 EIT 结构[77]，该结构在环境温度由 15 K 到 293 K 变化时展现出透明幅度可调节特性。Nakanishi 等人将变容二极管加入到 EIT 结构中[78]，实现了透明窗幅度和频率的电调节，同时还对传输脉冲不丢失相位信息情况下的信息存储进行了研究。

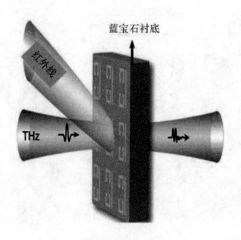

（a）结构图

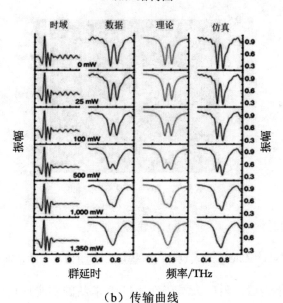

（b）传输曲线

图 2-10 Gu 等人设计的可调节 EIT 结构及传输曲线

　　需要强调的是，同时期的南开大学 Cheng 等人利用周期排列的石墨烯纳米带实现了中红外频段的主动可调节EIT现象[79]，如图 2-11 所示；Ding等人提出的狭槽型石墨烯结构实现了多传输峰的可调节EIT现象[80]。至此，以石墨烯超材料为基础的主动可调节EIT现象开始得到科研人员的关注。

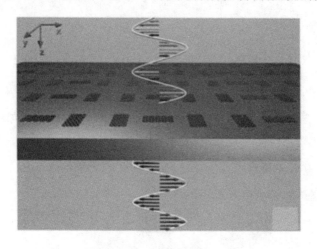

（a）结构图

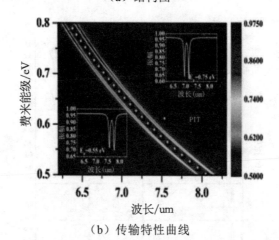

（b）传输特性曲线

图 2-11　Cheng 等人设计的石墨烯 EIT 结构及传输特性曲线

　　在 2015 年之后，科研人员仍在不断追求新的实验应用[81-83]和主动可调节结构的探索。在石墨烯超材料中，多种不同结构被相继报道[84-91]，如图 2-12 所示。

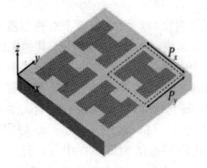

（a）Xiang 等人的设计　　　　　（b）Liao 等人的设计

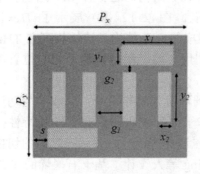
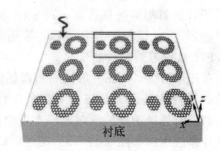

（c）Zhang 等人的设计　　　　　（d）Chen 等人的设计

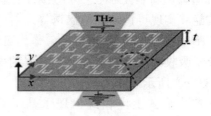

（e）Fu 等人的设计　　　　　（f）Devi 等人的设计

图 2-12　基于不同结构的石墨烯 EIT 设计

图 2-12（a）展示了 Xiang 等人设计的一种 H 形石墨烯 EIT 结构[84]。当 H 形结构的对称性被打破后，可观测到透明窗口，而且随着不对称程度的加剧，透明窗口的宽度将增加，EIT 现象也越明显。此外，相比于其他 EIT 结构，该设计的另一个特点是谐振器为一个石墨烯单元，而并非由多个分立谐振单元组成。Niu 等人设计了 T 形石墨烯 EIT 结构[85]，该结构可在中红外频段观测到 EIT 现象，他们以二粒子机械模型对 EIT 现象进行拟合，并研究了电磁波入射角对 EIT 现象的影响。图 2-12（b）展示了 Liao 等人[87]设计的石墨烯条形带和圆环所组成的 EIT 结构。该结构可以在中红外波段观测到 EIT 现象。图 2-12(c)(d)(e) 分别展示了 Zhang 等人[88]设计的级联 π 型石墨烯 EIT 结构、Chen 等人[89]设计的石墨烯纳米环和纳米盘 EIT 结构，以及 Fu 等人[90]设计的石墨烯纳米盘和纳米带 EIT 结构，这三种 EIT 结构在中红外频段均取得了较好的主动可调节性能。图 2-12（f）展示了 Devi 等人[91]设计的石墨烯条形带和一对 SRR 组成的 EIT 结构，该结构可在 THz 波段观测到 EIT 现象，并且 Devi 等还利用二粒子模型解释了相对位置改变后，EIT 系统等效参数的变化。

在应用方面，Wang 等人将石墨烯圆环引入波导系统，完成了主动可调节波导器件的设计[92]。该波导器件工作于红外波段，具有多波长特性，而且当调整石墨烯的栅偏压时能够实现电磁诱导透明开、关状态之间的切换，该波导系统结构如图 2-13（a）所示；Ling 等人设计了基于石墨烯的 T 形带和一对条形带所组成的 EIT 结构[93]。该结构以可调节 EIT 现象为基础，实现了将线性极化 THz 电磁波转化为椭圆极化 THz 电磁波或右圆极化 THz 电磁波，即电磁波极化翻转器，为极化编码、偏分复用、光通信和信息加密等应用提供了方案，该极化翻转器结构如图 2-13（b）所示。He 等人提出了在互补石墨烯超材料上加工一对条形凹槽和开口谐振环凹槽的阵列结构[94]，该结构能够实现可调节的电磁诱导反射。在反射峰处可以得到 177.7 RIU 的频率敏感度和 59.3 的品质因数，作为可调节高灵敏度的 THz 传感器为增强生物分子吸收和传感性能提供了良好的技术方案，该高灵敏度传感器结构如图 2-13（c）所示。

在产生形式上，相继出现了基于石墨烯的明-明模式耦合 EIT[95]、EIR[96]，基于 FP（Fabry Perot）谐振腔的 EIT[97]和极化无关 EIT[98]等。图 2-14（a）即为 Zeng 等人设计的基于自组装石墨烯 FP 腔的 EIT 结构[97]，区别于明-明模式耦合和明-暗模式耦合这两种近场耦合 EIT 机制，该结构是在相位耦合机制下实现了中红外频段多透明峰的主动可调节 EIT 设计，

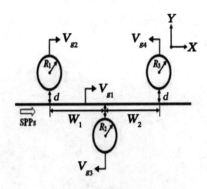

（a）波导器件

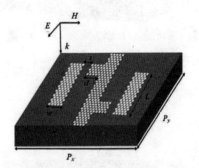

（b）电磁波极化翻转器件

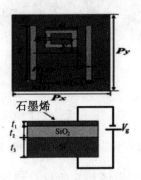

（c）高灵敏传感器

图 2-13　基于石墨烯超材料的功能器件

扩展了可调节 EIT 结构的产生机理和现象。图 2-14（b）为 Liu 等人设计的基于石墨烯极化无关 EIT 结构[98]，该结构是在石墨烯上加工了由十字凹槽和四个相同的谐振环凹槽组成的谐振单元，由于谐振结构的对称性而呈现出 EIT 现象的极化无关特点。

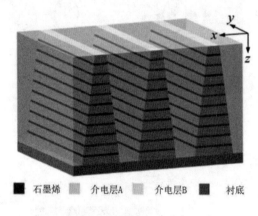

■ 石墨烯　▨ 介电层A　▨ 介电层B　■ 衬底

（a）基于 FP 谐振腔的 EIT 结构

（b）极化无关 EIT 结构

图 2-14　基于 FP 谐振腔的 EIT 结构和极化无关 EIT 结构

与此同时，还出现了石墨烯和其他材料组成的混合超材料 EIT 结构，如金属－石墨烯混合 EIT 结构[99-102]、全介质－石墨烯 EIT 结构[103]等。图 2-15 展示的是 Liu 等人[99]设计的金属－石墨烯混合 EIT 结构。该结构以铝条形带为明谐振单元，两对不同尺寸的铝开口谐振环为暗模式谐振单元分别位于铝条形带两侧，将两组分别连接不同金属电极的石墨烯铺于暗模式谐振单元底部。该 EIT 结构可以产生双透明峰现象，而且当分别调节石墨烯的费米能级时，两个透明峰的幅度可以动态调节，即实现了独立可调节双透明峰的 EIT 现象。

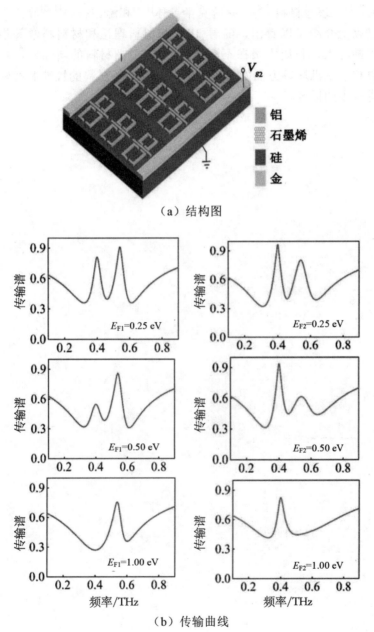

（a）结构图

（b）传输曲线

图 2-15　金属−石墨烯混合 EIT 结构及传输曲线

　　此外，除了石墨烯 EIT 结构，同时期的科研人员还提出了其他可调节 EIT 超材料结构，如手征超材料（chiral metamaterials）[104]、金属－液晶混合超材料[105]、超导材料[106]、狄拉克半导体[107]和温控材料[108]等。

　　通过以上介绍可以看出，随着 EIT 超材料理论和材料科学等相关学科研究的不断深入，科研人员在不断地进行 EIT 超材料的新结构、材料、波段、现象和产生机理等方面的研究。由此，EIT 超材料的性能和实验应用都得到了进一步的提升。

第 3 章 EIT 超材料的基本理论和研究方法

自 2008 年张霜等人发现基于超材料的 EIT 现象以来，EIT 超材料的研究得到了科研人员的极大关注，有关 EIT 超材料研究的基本理论和方法被不断报道。本章着重介绍用于研究 EIT 超材料的数值计算方法和分析 EIT 耦合机理的二粒子机械模型及三粒子机械模型。

3.1 电磁超材料数值计算方法

电磁超材料结构的计算仿真对超材料研究具有重要意义，一方面为实验研究和应用提供理论依据，缩短开发周期、降低实验成本；另一方面是为一些受当前工艺水平限制的领域提供前瞻性的理论支持。

在电磁学领域，研究电磁波和介质相互作用的基础理论就是麦克斯韦方程组，该方程组通过电场强度 $\boldsymbol{E}$、磁场强度 $\boldsymbol{H}$、磁感应强度 $\boldsymbol{B}$、电荷密度 ρ、电流密度 $\boldsymbol{J}$ 和电位移矢量 $\boldsymbol{D}$ 描述了介质与电磁场的动态变化关系。对于具有时变电磁场性质的介质而言，麦克斯韦方程组通常以微分形式表述，如式（3-1）和（3-2）所示

$$\begin{cases} \nabla \times \boldsymbol{H} = \boldsymbol{J} + \dfrac{\partial \boldsymbol{D}}{\partial t} \\ \nabla \times \boldsymbol{E} = -\dfrac{\partial \boldsymbol{B}}{\partial t} \end{cases} \tag{3-1}$$

$$\begin{cases} \nabla \cdot \boldsymbol{D} = \rho \\ \nabla \cdot \boldsymbol{B} = 0 \end{cases} \tag{3-2}$$

因此，研究电磁波与介质的相互作用就转化为在特定边界条件下求解麦克斯韦方程组的问题。对于一些简单的边界条件，可以得到方程组的解析解，而对于一些复杂的电磁问题，则必须将麦克斯韦方程组离散化，再利用相应的数值计算方法求解。

当前，计算电磁学中常用的方法有有限元法(finite element method，FEM)、时域有限差分法(finite difference time domain，FDTD)和矩量法(method of moments，MoM)等，它们都可用于各种电磁问题的求解。

FDTD 算法最初是由 K.S.Yee 于 1966 年提出的，他利用差分格式来表示麦克斯韦方程组。FDTD 算法是一种在时间和空间上利用离散变量替代连续变量的有限差分方程。对于计算区域，FDTD 算法是以 Yee 元胞形式对麦

克斯韦方程组进行离散化处理，同时电场和磁场分量在时间上交替抽样，即每一个电场 $\boldsymbol{E}$ 的分量周围都围绕四个磁场 $\boldsymbol{H}$ 的分量，而每一个磁场 $\boldsymbol{H}$ 的分量周围也都环绕着四个电场 $\boldsymbol{E}$ 的分量，抽样时间间隔彼此相差半个时间步长。Yee 元胞如图 3-1 所示，其中电场位于元件的边缘，而磁场则在元件表面的中心处采样，并定向于这些表面，这与麦克斯韦方程组中电场和磁场的对偶性是一致的，而且有利于进行微分方程的差分运算。

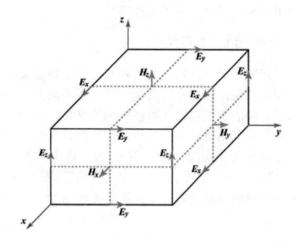

图 3-1　Yee 元胞示意图

FDTD 算法在时域和空间域都采用矩形脉冲作为基函数，这意味着电场沿元件边缘均匀分布，而磁场在元件表面的分布也是均匀的。由于计算空间的 Yee 元胞的选取是极小的，因此 Yee 元胞内的材料介电常数和磁导率是不随时间变化的，最终在时间和空间上离散了两个麦克斯韦卷曲方程（式（3-1）），即法拉第定律和安培定律，从而得到电场 $\boldsymbol{E}$ 和磁场 $\boldsymbol{H}$ 在各个分量空间的离散递归表达形式，如式（3-3）至（3-8）所示

$$H_x^{n+1/2}(i, j+1/2, k+1/2) =$$

$$\frac{\mu_x - 0.5\Delta t\sigma_{Mx}}{\mu_x + 0.5\Delta t\sigma_{Mx}} H_x^{n-1/2}(i, j+1/2, k+1/2) + \frac{\Delta t}{\mu_x + 0.5\Delta t\sigma_{Mx}} \bullet \quad （3\text{-}3）$$

$$\left(\frac{E_y^n(i, j+1/2, k+1) - E_y^n(i, j+1/2, k)}{\Delta z} - \frac{E_z^n(i, j+1, k+1/2) - E_z^n(i, j, k+1/2)}{\Delta y} \right)$$

$$H_y^{n+1/2}(i+1/2, j, k+1/2) =$$

$$\frac{\mu_y - 0.5\Delta t\sigma_{My}}{\mu_y + 0.5\Delta t\sigma_{My}} H_y^{n-1/2}(i+1/2, j, k+1/2) + \frac{\Delta t}{\mu_y + 0.5\Delta t\sigma_{My}} \cdot \qquad (3\text{-}4)$$

$$\left(\frac{E_z^n(i+1, j, k+1/2) - E_z^n(i, j, k+1/2)}{\Delta x} - \frac{E_x^n(i+1/2, j, k+1) - E_x^n(i+1/2, j, k)}{\Delta z} \right)$$

$$H_z^{n+1/2}(i+1/2, j+1/2, k) =$$

$$\frac{\mu_z - 0.5\Delta t\sigma_{Mz}}{\mu_z + 0.5\Delta t\sigma_{Mz}} H_z^{n-1/2}(i+1/2, j+1/2, k) + \frac{\Delta t}{\mu_z + 0.5\Delta t\sigma_{Mz}} \cdot \qquad (3\text{-}5)$$

$$\left(\frac{E_x^n(i+1/2, j+1, k) - E_x^n(i+1/2, j, k)}{\Delta y} - \frac{E_y^n(i+1, j+1/2, k) - E_y^n(i, j+1/2, k)}{\Delta x} \right)$$

$$E_x^{n+1}(i+1/2, j, k) =$$

$$\frac{\varepsilon_x - 0.5\Delta t\sigma_x}{\varepsilon_x + 0.5\Delta t\sigma_x} E_x^n(i+1/2, j, k) + \frac{\Delta t}{\varepsilon_x + 0.5\Delta t\sigma_x} \cdot$$

$$\left(\frac{H_z^{n+1/2}(i+1/2, j+1/2, k) - H_z^{n+1/2}(i+1/2, j-1/2, k)}{\Delta y} - \qquad (3\text{-}6) \right.$$

$$\left. \frac{H_y^{n+1/2}(i+1/2, j, k+1/2) - H_y^{n+1/2}(i+1/2, j, k-1/2)}{\Delta z} \right)$$

$$E_y^{n+1}(i, j+1/2, k) =$$

$$\frac{\varepsilon_y - 0.5\Delta t\sigma_y}{\varepsilon_y + 0.5\Delta t\sigma_y} E_y^n(i, j+1/2, k) + \frac{\Delta t}{\varepsilon_y + 0.5\Delta t\sigma_y} \cdot$$

$$\left(\frac{H_x^{n+1/2}(i, j+1/2, k+1/2) - H_x^{n+1/2}(i, j+1/2, k-1/2)}{\Delta y} - \qquad (3\text{-}7) \right.$$

$$\left. \frac{H_z^{n+1/2}(i+1/2, j+1/2, k) - H_z^{n+1/2}(i-1/2, j+1/2, k)}{\Delta x} \right)$$

$$E_z^{n+1}(i, j, k+1/2) =$$

$$\frac{\varepsilon_z - 0.5\Delta t\sigma_z}{\varepsilon_z + 0.5\Delta t\sigma_z} E_z^n(i, j, k+1/2) + \frac{\Delta t}{\varepsilon_z + 0.5\Delta t\sigma_z} \cdot$$

$$\left(\frac{H_y^{n+1/2}(i+1/2, j, k+1/2) - H_y^{n+1/2}(i-1/2, j, k+1/2)}{\Delta x} - \qquad (3\text{-}8) \right.$$

$$\left. \frac{H_x^{n+1/2}(i, j+1/2, k+1/2) - H_x^{n+1/2}(i, j-1/2, k+1/2)}{\Delta y} \right)$$

其中：(i, j, k) 为格点在坐标轴上的标号；$\varepsilon(\varepsilon_x, \varepsilon_y, \varepsilon_z)$，$\mu(\mu_x, \mu_y, \mu_z)$，$\sigma(\sigma_x, \sigma_y, \sigma_z)$ 和 $\sigma_M(\sigma_{Mx}, \sigma_{My}, \sigma_{Mz})$ 分别为介质的介电常数、磁导率、电导率和导磁率；Δx，Δy，Δz 和 Δt 分别为空间和时间上的步长，且满足式（3-9）所示的限定条件（其中 c 是电磁波在真空中的速度）

$$c\Delta t \leqslant \frac{1}{\sqrt{\frac{1}{(\Delta x)^2} + \frac{1}{(\Delta y)^2} + \frac{1}{(\Delta z)^2}}} \tag{3-9}$$

这样，根据给定电磁问题的初始值及边界条件，即可通过迭代关系来求解显式差分方程，由此可以得到每个时间步长的电场和磁场分布，最终得到整个空间的电磁场分布。

因此，FDTD 算法是在时域上采取迭代的方法来求解麦克斯韦方程的，而且不需要导出格林函数，也不需要求解 MoM 和 FEM 所需的矩阵方程，具有算法实现简单、内存消耗小等优点，特别适用于分析具有复杂几何特征和含有任意非均匀材料的问题。目前，FDTD 算法已成为许多科研人员首选的求解复杂电磁问题的算法。本章采用集成了 FDTD 算法的电磁仿真软件——CST Microwave Studio 来完成基于 FDTD 算法的超材料结构的电磁性能运算。

3.2 二粒子机械模型

目前，EIT 超材料结构的主要构成原理是明－明模式耦合和明－暗模式耦合，明－明模式耦合和明－暗模式耦合都可以等效为两个弹簧谐振子的耦合系统，即二粒子机械模型，该模型可以定量地描述超材料中的 EIT 效应，如图 3-2 所示[109-110]。

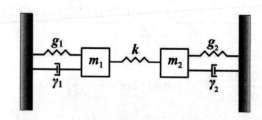

图 3-2　二粒子机械模型的弹簧振子图

在图 3-2 中，质量为 m_1 和 m_2 的两个弹簧谐振子分别代表 EIT 耦合系统的明－明模式谐振单元或明－暗模式谐振单元，γ_1，γ_2 和 g_1，g_2 分别为两个谐振子的阻尼系数和谐振强度。当 m_1 和 m_2 都受到简谐力作用时，则代表两个谐振单元都可以被入射电磁波激发而产生较强的谐振，均具有明模式谐振单元特点，此时的模型即为明–明模式耦合 EIT 系统；而当 m_1 和 m_2 中仅有一个受到简谐力作用时，则代表两个谐振单元仅有一个能被入射电磁波激发而产生较强的谐振，具有明模式谐振特点，另一个则表现为非谐振状态，为暗模式谐振单元。因此，此时的模型为明–暗模式耦合 EIT 系统。

当入射电场强度 $\boldsymbol{E} = \boldsymbol{E}_0 e^{i\omega t}$ 时，设两个粒子的位移分别为 $\boldsymbol{x}_1(t)$ 和 $\boldsymbol{x}_2(t)$，则该系统中两个谐振子的位移将满足式（3-10）和（3-11）所示的耦合微分方程[106]

$$\ddot{\boldsymbol{x}}_1(t) + \gamma_1 \dot{\boldsymbol{x}}_1(t) + \omega_1^2 \boldsymbol{x}_1(t) + \kappa^2 \boldsymbol{x}_2(t) = \frac{g_1 \boldsymbol{E}}{m_1} \qquad (3\text{-}10)$$

$$\ddot{\boldsymbol{x}}_2(t) + \gamma_2 \dot{\boldsymbol{x}}_2(t) + \omega_2^2 \boldsymbol{x}_2(t) + \kappa^2 \boldsymbol{x}_1(t) = \frac{g_2 \boldsymbol{E}}{m_2} \qquad (3\text{-}11)$$

其中，ω_1 和 ω_2 分别为两个粒子的固有谐振频率，κ 为两个粒子间的耦合强度。对于明–暗模式耦合系统：$g_1 \approx 0$ 或 $g_2 \approx 0$，而明–明模式耦合系统：$g_1 > 0$ 且 $g_2 > 0$。假设 $g_2 = g_1/A$，$m_2 = m_1/B$，则解微分方程可得两个粒子的位移表达式为

$$\boldsymbol{x}_1(t) = \frac{\left((B/A)\kappa^2 + \left(\omega^2 - \omega_2^2 + i\omega\gamma_2 \right) \right) \left(g_1 \boldsymbol{E}/m_1 \right)}{\kappa^4 - \left(\omega^2 - \omega_1^2 + i\omega\gamma_1 \right)\left(\omega^2 - \omega_2^2 + i\omega\gamma_2 \right)} \qquad (3\text{-}12)$$

$$\boldsymbol{x}_2(t) = \frac{\left(\kappa^2 + (B/A)\left(\omega^2 - \omega_1^2 + i\omega\gamma_1 \right) \right) \left(g_1 \boldsymbol{E}/m_1 \right)}{\kappa^4 - \left(\omega^2 - \omega_1^2 + i\omega\gamma_1 \right)\left(\omega^2 - \omega_2^2 + i\omega\gamma_2 \right)} \qquad (3\text{-}13)$$

因系统的极化强度 $\boldsymbol{P}$ 可以表示为

$$\boldsymbol{P} = g_1 \boldsymbol{x}_1 + g_2 \boldsymbol{x}_2 \qquad (3\text{-}14)$$

所以可以得出有效电极化率为

$$\chi_{\text{eff}} = \chi_{\text{effr}} + i\chi_{\text{effi}} = \frac{\boldsymbol{P}}{\varepsilon_0 \boldsymbol{E}} =$$

$$\frac{K}{A^2 B}\left(\frac{A(B+1)\kappa^2 + A^2\left(\omega^2 - \omega_2^2 \right) + B\left(\omega^2 - \omega_1^2 \right)}{\kappa^4 - \left(\omega^2 - \omega_1^2 + i\omega\gamma_1 \right)\left(\omega^2 - \omega_2^2 + i\omega\gamma_2 \right)} + \right.$$

$$\left. i\omega \frac{A^2\gamma_2 + B\gamma_1}{\kappa^4 - \left(\omega^2 - \omega_1^2 + i\omega\gamma_1 \right)\left(\omega^2 - \omega_2^2 + i\omega\gamma_2 \right)} \right) \qquad (3\text{-}15)$$

式中：K 为比例系数；χ_{effr} 为电极化率的实部，代表入射电磁波通过介质的色散特性；χ_{effi} 为电极化率的虚部，代表介质的电磁波吸收特性。

　　本节根据公式（3-15），利用 Matlab 软件仿真了明-明模式耦合和明-暗模式耦合下二粒子机械模型的吸收谱和色散曲线。其中明-明模式耦合作用下的吸收谱和色散曲线如图 3-3 所示，图中选择的参数为 κ =1 THz，ω_1 =2.89 THz，ω_2 =3.09 THz，A=3.2，B=1，K=25，γ_1=γ_2=0.8 rad/ps[①]。此时，由于 $A \neq 0$ 或 ∞，说明 g_1 和 g_2 均不为零，两个谐振单元都能被入射电磁波激发而产生较强的谐振状态。同时，由于固有频率不同，进一步验证了此时的明-明模式耦合系统状态。

　　由图3-3 可以看出，此时的耦合系统能够产生明显的色散特性，且具有慢光特性，在相应频率处亦出现了类似原子系统 EIT 现象的吸收谷点。另外，由于两个谐振单元都处于谐振状态，模型中的阻尼系数 γ_1 和 γ_2 均远大于零，所以两个谐振单元均具有明显的损耗。

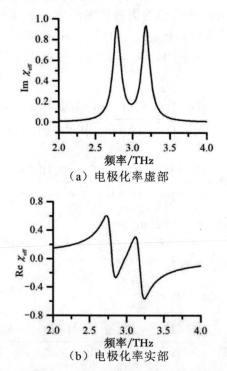

（a）电极化率虚部

（b）电极化率实部

图 3-3　明-明模式二粒子拟合曲线

---

① 1 rad = 0.01 Gy。

图 3-4 展示了明-暗模式耦合下，不同耦合强度时，系统的吸收谱和相应的色散曲线，此时二粒子机械模型中的参数选择为 $\omega_1=\omega_2=3$ THz，$\gamma_2=2.0\times10^{-6}$ rad/ps，$\gamma_1=0.8$ rad/ps，$A=9\times10^{30}$，$B=0.44$，$K=6.35$。

此时，$A\to\infty$，说明 $g_2\approx0$，即粒子 m_2 所代表的谐振单元不能被入射电磁波激发，处于暗模式谐振状态，阻尼系数 γ_2 约等于零。粒子 m_1 所代表的谐振单元能被入射电磁波激发而产生较强的谐振状态，为明模式谐振单元，阻尼系数 γ_1 远大于零。粒子 m_1 和 m_2 的固有谐振频率相近，验证了此时为明-暗模式耦合系统。从图 3-4 可以看出，此时的耦合系统对入射电磁波具有明显的色散作用，且具有慢光特性，在相应频率处亦出现了类似原子系统 EIT 现象的吸收谷点。另外，当两个谐振子间的耦合系数 κ 由 1 THz 增大到 1.2 THz 时，透明窗带宽增加，同时透明峰处的吸收变小，而这些现象正是由于两个粒子间的相互干涉作用增强而引起的。

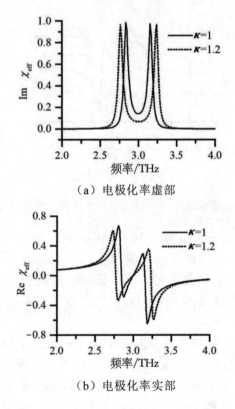

（a）电极化率虚部

（b）电极化率实部

图 3-4　明-暗模式不同耦合系数的二粒子模型拟合曲线

图 3-5 展示了该明－暗模式耦合作用下，在耦合系数 κ 为 1 THz 且不变时，改变明模式谐振单元的阻尼系数 γ_1 时相应的吸收谱和色散特性曲线。

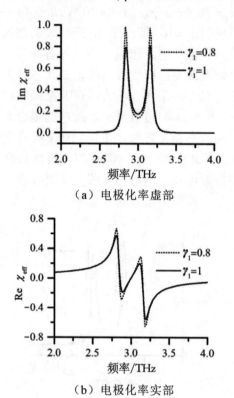

（a）电极化率虚部

（b）电极化率实部

图 3-5 明－暗模式下不同明模式阻尼系数的二粒子模型拟合曲线

当阻尼系数由 0.8 rad/ps 增加到 1 rad/ps 时，说明明模式谐振单元的阻尼率增加，系统的损耗应增大。从图 3-5（a）可以看出，吸收谱谷点的频率基本不变，但谷点的数值变大，这验证了阻尼系数 γ_1 增加致使系统能量损耗增大的特性。由图 3-5（b）可以看出，在阻尼系数 γ_1 增加时，色散区间的幅度变化范围变小。

综上所述，在明－明模式耦合的 EIT 系统中，两个粒子均能被入射电磁波激发而产生谐振状态，固有谐振频率不同但相近，两个粒子所组成的谐振单元均具有较大的损耗；而在明－暗模式耦合的 EIT 系统中，两个粒子的固有谐振频率基本相同，但粒子与入射电磁波的作用强度明显不同，明模式粒子能够被入射电磁波激发而产生谐振状态，而暗模式粒子几乎与电磁波无相互作用，即 $g_2 \approx 0$，因此 $A = g_1/g_2$ 趋向于无穷大。此外，明模式粒子的阻尼系数也远大于暗模式粒子的阻尼系数，即明模式谐振单元的损耗远大于暗模式谐振单元的损耗。

另外，在明－暗模式耦合 EIT 系统中，由于 $g_2 \approx 0$，所以电极化率可简写为

$$\chi_{\text{eff}} = \frac{g_1^2}{\varepsilon_0 m_1^2} \cdot \frac{\left(\omega^2 - \omega_2^2 + i\omega\gamma_2\right)}{\kappa^4 - \left(\omega^2 - \omega_1^2 + i\omega\gamma_1\right)\left(\omega^2 - \omega_2^2 + i\omega\gamma_2\right)} \qquad (3\text{-}16)$$

则 EIT 系统的传输谱可由式（3-17）进行拟合[64]

$$|T| = \left| \frac{4\sqrt{\chi_{\text{eff}}+1}}{\left(\sqrt{\chi_{\text{eff}}+1}+1\right)^2 e^{j\frac{2\pi d}{\lambda_0}\sqrt{\chi_{\text{eff}}+1}} - \left(\sqrt{\chi_{\text{eff}}+1}-1\right)^2 e^{-j\frac{2\pi d}{\lambda_0}\sqrt{\chi_{\text{eff}}+1}}} \right| \qquad (3\text{-}17)$$

其中：d 为 EIT 结构在电磁波传输方向上的厚度；λ_0 为电磁波在真空中的波长。

3.3 三粒子机械模型

上一节所述的二粒子机械模型可用于研究两种谐振粒子近场耦合作用下的单透明窗口现象，即通过近场耦合在原本高吸收谱上形成一个吸收减弱的频段。近年来，研究人员又发现了在原本高吸收谱上形成两个临近的吸收减弱频段的现象，即双峰 EIT 现象，通过三粒子机械模型可对其耦合过程进行分析，该模型如图 3-6 所示。

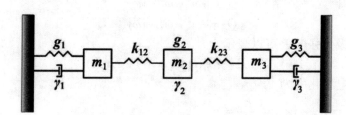

图 3-6　三粒子机械模型的弹簧振子图

在图 3-6 中，质量为 m_1，m_2 和 m_3 的三个弹簧谐振子分别代表 EIT 耦合系统的谐振单元，γ_1，γ_2，γ_3 和 g_1，g_2，g_3 分别为三个谐振子的阻尼系数和谐振强度。当入射电场强度 $\boldsymbol{E} = \boldsymbol{E}_0 e^{i\omega t}$ 时，设三个粒子的位移分别为 $\boldsymbol{x}_1(t)$，

$x_2(t)$ 和 $x_3(t)$，该系统中三个谐振子的位移将满足式（3-18）～（3-20）的耦合微分方程[111-112]

$$\ddot{x}_1(t) + \gamma_1\dot{x}_1(t) + \omega_1^2 x_1(t) - \kappa_{12}^2 x_2(t) = \frac{g_1 E}{m_1} \tag{3-18}$$

$$\ddot{x}_2(t) + \gamma_2\dot{x}_2(t) + \omega_2^2 x_2(t) - \kappa_{12}^2 x_1(t) - \kappa_{23}^2 x_3(t) = \frac{g_2 E}{m_2} \tag{3-19}$$

$$\ddot{x}_3(t) + \gamma_3\dot{x}_3(t) + \omega_3^2 x_3(t) - \kappa_{23}^2 x_2(t) = \frac{g_3 E}{m_3} \tag{3-20}$$

其中，ω_1，ω_2，ω_3 分别为三个粒子的固有谐振频率，κ_{12} 为粒子 m_1 和 m_2 间的耦合强度，κ_{23} 为粒子 m_2 和 m_3 间的耦合强度。假设 $g_2 = g_1/A_1$，$g_3 = g_2/A_2$，$m_2 = m_1/B_1$，$m_3 = m_2/B_2$，通过解微分方程可得三个粒子的位移表达式为

$$x_1(t) = \frac{\frac{g_3}{m_3}\kappa_{12}^2\kappa_{23}^2 + \frac{g_2}{m_2}\kappa_{12}^2 Q_c + \frac{g_1}{m_1}(-\kappa_{23}^4 + Q_b Q_c)}{Q_a Q_b Q_c - \kappa_{12}^4 Q_c - \kappa_{23}^4 Q_a} E \tag{3-21}$$

$$x_2(t) = \frac{\frac{g_1}{m_1}\kappa_{12}^2 Q_c + \frac{g_3}{m_3}\kappa_{23}^2 Q_a + \frac{g_2}{m_2}Q_a Q_c}{Q_a Q_b Q_c - \kappa_{12}^4 Q_c - \kappa_{23}^4 Q_a} E \tag{3-22}$$

$$x_3(t) = \frac{\frac{g_1}{m_1}\kappa_{12}^2\kappa_{23}^2 + \frac{g_2}{m_2}\kappa_{23}^2 Q_a + \frac{g_3}{m_3}(-\kappa_{12}^4 + Q_a Q_b)}{Q_a Q_b Q_c - \kappa_{12}^4 Q_c - \kappa_{23}^4 Q_a} E \tag{3-23}$$

这里

$$Q_a = -\omega^2 + \omega_1^2 - i\omega\gamma_1 \tag{3-24}$$
$$Q_b = -\omega^2 + \omega_2^2 - i\omega\gamma_2 \tag{3-25}$$
$$Q_c = -\omega^2 + \omega_3^2 - i\omega\gamma_3 \tag{3-26}$$

因系统的极化强度 P 可以表示为

$$P = g_1 x_1(t) + g_2 x_2(t) + g_3 x_3(t) \tag{3-27}$$

所以有效电极化率为

$$\chi_{\text{eff}} = \chi_{\text{effr}} + i\chi_{\text{effi}} = \frac{P}{\varepsilon_0 E} =$$

$$\frac{K}{B_1 B_2} \cdot \left(\frac{A_1 A_2(1 + B_1 B_2)\kappa_{12}^2\kappa_{23}^2 + A_1 A_2^2(1 + B_1)\kappa_{12}^2 Q_c + A_2 B_1(1 + B_2)\kappa_{23}^2 Q_a}{Q_a Q_b Q_c - \kappa_{12}^4 Q_c - \kappa_{23}^4 Q_a} + \right.$$

$$\left. \frac{A_2^2 B_1 Q_a Q_c + A_1^2 A_2^2(-\kappa_{23}^4 + Q_b Q_c) + B_1 B_2(-\kappa_{12}^4 + Q_a Q_b)}{Q_a Q_b Q_c - \kappa_{12}^4 Q_c - \kappa_{23}^4 Q_a} \right) \tag{3-28}$$

式中：K 为比例系数；χ_{effr} 为电极化率的实部，代表入射电磁波通过介质的色散特性；χ_{effi} 为电极化率的虚部，代表介质的电磁波吸收特性。

本节根据公式（3-28），利用 Matlab 软件仿真了明–明–明模式三粒子拟合曲线，如图 3-7 所示。

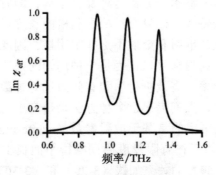

（a）电极化率虚部

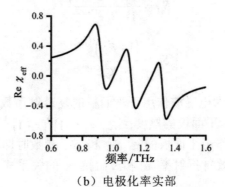

（b）电极化率实部

图 3-7　明–明–明模式三粒子拟合曲线

图 3-7 中所选择的参数为 $\kappa_{12} = 0.37$ THz，$\kappa_{23} = 0.35$ THz，$\omega_1 = 0.95$ THz，$\omega_2 = 1.1$ THz，$\omega_3 = 1.31$ THz，$\gamma_1 = 0.49$ rad/ps，$\gamma_2 = 0.41$ rad/ps，$\gamma_3 = 0.33$ rad/ps，$K = 1.11$，$A_1 = 1.4$，$A_2 = 1.3$，$B_1 = 1.2$，$B_2 = 1.1$。

由图 3-7 可以看出，在吸收谱上出现了两个临近的吸收谷底，这表明电磁波入射该超材料时，在传输谱上将会形成两个透明峰。由于 A_1 和 A_2 均不为 0 或 ∞，说明 g_1，g_2 和 g_3 均不为 0，这验证了该耦合系统为明–明–明模式耦合 EIT 系统。

3.4 EIT 超材料的有效参数提取

如前文所述，超材料是一种亚波长复合结构材料，决定其电磁性能的不仅仅与构成材料有关，更取决于它的几何结构。人们在研究超材料的电磁性能时，试图用均匀介质的概念来分析这种复合结构，即有效媒质理论。由于超材料结构具有亚波长特性，即复合结构中晶格的长度远小于入射电磁波的波长，所以它对电磁波的散射和衍射不是非常明显。因此，根据有效媒质理论，在宏观的角度上，超材料可以认为是一种均匀的媒质，这样就可以用有效介电常数、有效磁导率、有效折射率和有效阻抗等参数来描述超材料的电磁性能[113]。迄今为止，人们提出了多种方法来研究电磁超材料的有效介质性质[114-117]，而被广泛采用的是基于散射参数（scattering parameters，S 参数）的反演算法[117]。对于在有限厚度周期结构平面板上入射的电磁波，波阻抗 z 和折射率 n 与 S 参数的关系如式（3-29）和（3-30）所示

$$S_{11} = \frac{R_{01}(1 - e^{i2nk_0d})}{1 - R_{01}^2 e^{i2nk_0d}}$$ （3-29）

$$S_{21} = \frac{\left(1 - R_{01}^2\right) e^{ink_0d}}{1 - R_{01}^2 e^{i2nk_0d}}$$ （3-30）

其中：S_{21} 和 S_{11} 分别为电磁波作用下平面板的复透射系数和复反射系数；k_0 为真空中的波矢；d 为平面板的厚度；$R_{01} = (z-1)/(z+1)$。

而在已知电磁波作用平面板的复 S_{21} 和 S_{11} 参数时即可通过式（3-29）和（3-30）反演出有效复折射率 n 和波阻抗 z 的关系式，如式（3-31）和（3-32）所示

$$z = \pm\sqrt{\frac{\left(1 + S_{11}\right)^2 - S_{21}^2}{\left(1 - S_{11}\right)^2 - S_{21}^2}}$$ （3-31）

$$e^{ink_0d} = \frac{S_{21}}{1 - S_{11}R_{01}}$$ （3-32）

由式（3-32）可以推出复折射率 n 的表达式，如式（3-33）所示

$$n = n_r + in_i = \frac{1}{k_0d}\left\{ \text{Im}\left[\ln\left(\frac{S_{21}}{1 - S_{11}R_{01}}\right)\right] + 2m\pi - i\,\text{Re}\left[\ln\left(\frac{S_{21}}{1 - S_{11}R_{01}}\right)\right]\right\}$$ （3-33）

其中：m 为整数值；n_r 和 n_i 分别为复折射率 n 的实部和虚部，如式（3-34）

和（3-35）所示

$$n_r = \frac{\mathrm{Im}\left[\ln\left(\dfrac{S_{21}}{1-S_{11}R_{01}}\right)\right]}{k_0 d} + \frac{2m\pi}{k_0 d} = n_{\mathrm{eff}}^0 + \frac{2m\pi}{k_0 d} \tag{3-34}$$

$$n_i = \frac{\mathrm{Re}\left[\ln\left(\dfrac{S_{21}}{1-S_{11}R_{01}}\right)\right]}{k_0 d} \tag{3-35}$$

由式（3-31）和（3-32）可以看出，在参数反演过程中，会生成多个解，导致复折射率 n 和波阻抗 z 的数值存在多分支问题。但对于该结构而言，折射率和波阻抗数值应具有唯一性，因此需要从多个解中分离出真实值。针对无源材料，分离原则应满足阻抗 z 的实部（$\mathrm{Re}\,z$）和折射率 n 的虚部（$\mathrm{Im}\,n$）大于零。另外，还必须保证复介电常数和磁导率在频率区间的连续性。根据条件 $\mathrm{Re}\,z>0$ 和 $\mathrm{Im}\,n>0$，可以确定阻抗 z（如式（3-31）所示）和折射率虚部（如式（3-35）所示）的数值，而散射参数反演算法的难点是，如何快速、有效地确定整数 m 的数值。值得一提的是，Szabó 等人提出了一种改进的散射参数反演算法[118]，该程序调用克莱默－克朗尼格关系以确定整数 m 的值，并取得了较好的效果。克莱默－克朗尼格关系如式（3-36）所示[118]

$$n^{KK}(\omega') = 1 + \frac{2}{\pi}P\int_0^\infty \frac{\omega n_i(\omega)}{\omega^2 - \omega'^2}\mathrm{d}\omega \tag{3-36}$$

其中，P 为广义积分主值。

为了避免产生克莱默－克朗尼格积分的奇异值，Szabó 将式（3-36）分为两部分，如式（3-37）和（3-38）所示

$$\psi_{i,j} = \frac{\omega_j n_i(\omega_j)}{\omega_j^2 - \omega_i^2} + \frac{\omega_j + n_i(\omega_{j+1})}{\omega_{j+1}^2 - \omega_i^2} \tag{3-37}$$

$$n^{KK}(\omega_i) = 1 + \frac{\Delta\omega}{\pi}\left(\sum_{j=1}^{i-2}\psi_{i,j} + \sum_{j=i+1}^{N-1}\psi_{i,j}\right) \tag{3-38}$$

利用式（3-38）和（3-34）可以得到整数 m 的值，如式（3-39）所示

$$m = \mathrm{Round}\left[\left(n^{KK} - n_{\mathrm{eff}}^0\right)\frac{k_0 d}{2\pi}\right] \tag{3-39}$$

其中，Round[ ]为舍入运算，即最近的整数值。

当整数 m 的值确定后，即可求得精确的负折射率 n。最后，在确定复折射率 n 和波阻抗 z 的数值后，该复合结构的有效介电常数 ε_{eff} 和有效磁导率 μ_{eff} 可由式（3-40）和（3-41）求得

$$\varepsilon_{\text{eff}} = \frac{n}{z} \qquad\qquad （3-40）$$

$$\mu_{\text{eff}} = n*z \qquad\qquad （3-41）$$

为了展示 Szabó 等人提出的改进型散射参数反演算法提取超材料有效介电常数和有效磁导率的特点，以开口谐振环和金属线所组成的超材料为例进行分析[118]，该结构如图3-8（a）所示。图3-8（b）和图3-8（c）分别为该复合结构在入射电磁波为 y 极化方向下的 S_{21} 和 S_{11} 参数的幅度和相位曲线。

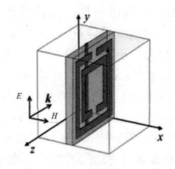

（a）结构图

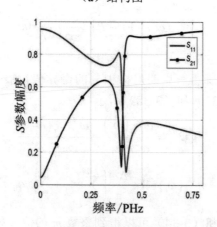

（b）S_{21} 和 S_{11} 幅度

图 3-8　超材料结构及 S 参数曲线

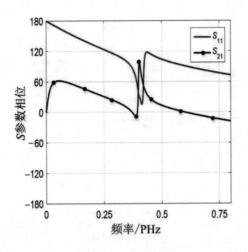

（c）S_{21} 和 S_{11} 相位

图 3-8 超材料结构及 S 参数曲线（续）

图 3-9 为反演的有效参数结果，其中图 3-9（a）和图 3-9（b）分别为有效折射率 n 和有效阻抗 z，曲线中 Im n_{eff} 和 Re z_{eff} 满足大于零的条件。图 3-9（c）为根据式（3-40）和（3-41）计算所得到的有效介电常数 ε_{eff} 和有效磁导率 μ_{eff}。

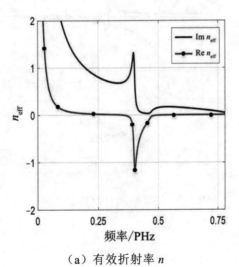

（a）有效折射率 n

图 3-9 超材料的有效参数

39

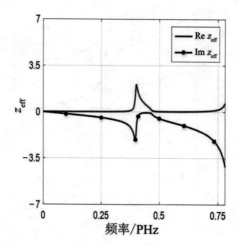

（b）有效阻抗 z

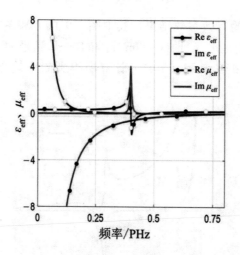

（c）有效 $\varepsilon_{\mathrm{eff}}$ 和 μ_{eff}

图 3-9　超材料的有效参数（续）

第 4 章　EIT 超材料的制备与测试方法

4.1　EIT 超材料的制备方法

制备 EIT 超材料是一项复杂而精密的工程，其性能在很大程度上取决于所选材料和制备方法的质量和精确性。在本节中，我们将详细介绍 EIT 超材料的制备，包括衬底的制备以及各种关键材料的制备方法。

4.1.1　衬底的制备

EIT 超材料的制备通常从选择和准备合适的衬底开始。衬底是超材料的基础支撑，其表面特性和质量直接影响超材料的性能。以下是常见的衬底制备方法[119-121]。

（1）单晶硅衬底制备：单晶硅是一种常用的衬底材料，它的制备通常是通过乔查尔斯基生长法或区域熔化法来生长单晶硅片。这种方法能够产生高质量、低缺陷的硅衬底。

（2）石英衬底制备：石英是另一种广泛使用的衬底材料，它可以通过高温烧结或水热合成的方式制备，高温烧结适用于较厚的石英衬底，而水热合成适用于薄膜状的石英衬底。

（3）玻璃衬底制备：玻璃衬底通常可以通过浮法工艺、拉伸法或离子交换法制备。这些方法可以制备出平整、透明的玻璃衬底，适用于某些特定应用。

4.1.2　结构单元材料的制备

EIT 超材料的结构单元通常由不同类型的材料构成，包括金属、半导体、电介质、石墨烯和二氧化钒等。以下是这些材料的详细制备方法[122-125]。

（1）金属的制备：金属结构单元可以通过物理气相沉积（PVD）、化学气相沉积（CVD）或电化学沉积等方法制备。这些方法允许在衬底上形成金属薄膜或纳米结构，具体的方法取决于所需的形状和尺寸。

（2）半导体的制备：半导体结构单元的制备通常涉及化学气相沉积、分子束外延（MBE）或溶液法生长。这些方法可实现精确控制的半导体薄膜或结构。

（3）电介质的制备：电介质材料如二氧化硅、聚酰亚胺等可以通过溶胶−凝胶法、物理气相沉积和化学合成等方法制备。

（4）石墨烯的制备：石墨烯可以通过机械剥离法、化学气相沉积和化学还原法等多种方法制备，具体的方法取决于所需的形状和尺寸。

（5）二氧化钒的制备：二氧化钒结构单元通常通过溶胶−凝胶法、水热法或物理气相沉积等方法制备。

制备 EIT 超材料所需的衬底和结构单元是实现所需电磁性能的关键步骤，不同材料和不同制备方法的选择取决于特定超材料的结构和性能需求，因此在超材料设计中需要充分考虑这些因素。

4.2 EIT 超材料电磁特性的测试方法

目前，EIT 超材料电磁参数的测试方法大致可分为谐振型和非谐振型。典型的谐振型测试方法就是谐振腔法，它是将被测物质填充到谐振腔内，利用样品填充前后谐振腔谐振频率和品质因数的改变来获得电磁参数的一种方法，又可详细分为腔体微扰法、高 Q 腔法和准光腔法等。谐振法具有良好的灵敏度，但在校准问题和高频测试时，谐振腔体的制作具有很大的难度。

非共振法通常需要测量电磁波作用下被测物质的反射系数和透射系数，然后利用反演算法来获得材料的电磁参数，波导法和自由空间法就是典型的非共振测量法[126]。波导法是将被测样品直接放入波导内，然后通过网络分析仪来测试散射参数，并通过相应的反演算法进一步推出其他电磁参数。整个测试系统由矢量网络分析仪、同轴线、同轴波导转换器和波导等组成，如图 4-1 所示。

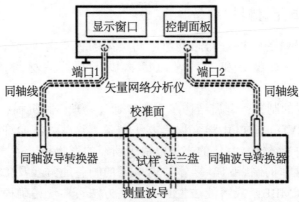

图 4-1　波导法测试示意图

波导法由于需要将被测样品完全填充在波导内，所以被测样品的尺寸需要和波导腔相吻合。一方面，对于样品的尺寸有严格的要求，有时样品与波导间微小的缝隙对于特定应用也会带来较大的误差；另一方面，样品置于波导内，会存在由于直接接触而产生的污染问题，以致影响波导使用或增加测量的不确定性。

1987 年，Cullen 等学者基于菲涅尔反射定律，运用矢量网络分析仪和收发天线来测量被测样品的电磁波散射幅度和相位，并通过一系列反演公式来计算介电常数等电磁参数，这就是自由空间法[127]，图 4-2 为自由空间法示意图。

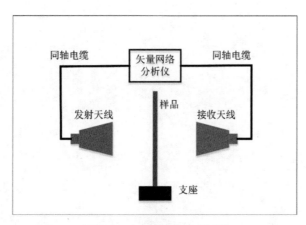

图 4-2　自由空间法示意图

从用户的角度来看，自由空间法是相当方便的，特别是在较高的频率区域，因为样品放置在一个支座上，是一种非破坏、非接触性的测试方法。自由空间法，原则上，可以进一步分为频率（光谱）域和时间（空间）域。利用自由空间法测量时，误差是由于样品边缘的衍射效应和喇叭透镜天线与模式转换之间的多次反射造成的。对于边缘衍射效应的影响，可以要求测试样品的横向尺寸要大于天线孔径；而对于多次反射引起的误差，可以通过TRL 校准技术来消除。

因此，自由空间法具有如下测试优点。

（1）对于非均匀或各向异性材料，如陶瓷、复合材料等，在不受高阶模激励的情况下，能准确地测量材料的电磁性能，这在传统方法中是不可能的。

（2）由于测量是以无损、非接触的方式进行的，因此，在高、低温条件下该测量法优于传统的测量法。

（3）相比于波导法，自由空间法对于样品尺寸仅要求其横向尺寸大于天线孔径，大大降低了对样品精确尺寸的要求。

因此，自由空间法特别适合周期结构超材料的电磁性能测试。

第 5 章 基于金属的 EIT 超材料

近十年来，大量的 EIT 超材料结构设计被先后报道出来，EIT 超材料的潜在应用领域也在不断地扩宽。目前，探讨不同机理、材料、应用以及可调节特性的 EIT 超材料设计已成为超材料领域的研究热点之一。

目前，针对不同材料的 EIT 研究已经取得了一定进展，如金属材料、超导体、半导体、狄拉克半导体、电介质、液晶等都有相应设计的报道。金属材料由于加工工艺成熟等优点，被广泛用于 EIT 超材料结构设计，许多基于金属超材料 EIT 现象的实验验证工作也得到相应的开展[58-59,128]。

从已有的基于金属超材料 EIT 现象的实验研究可以看出，根据电磁缩比原则，可将金属结构通过比例缩放，实现基于超材料的 EIT 现象在 THz、GHz 和红外等波段的应用。然而，随着 EIT 超材料的理论和实验研究的不断深入，人们发现已有的 EIT 超材料结构还存在许多缺点，如实验效果差、缺乏必要的误差分析等，因此进一步开展深入研究和性能提高等方面的探讨是十分有意义的。

基于上述问题，本章在第 3 章的基础上，开展基于金属超材料的 EIT 结构设计和电磁特性调节的研究工作。该 EIT 超材料结构工作于 GHz 波段，本章将介绍该结构构造方法、EIT 现象形成机理和慢光特性。由于金属超材料的 EIT 结构不具备主动可调节特性，只能实现被动调节，即通过改变超材料的固有尺寸或相对位置来实现电磁特性调节。因此，文中探讨了谐振单元相对位置变化时 EIT 现象的调节特性，并利用自由空间法对相应的传输特性进行实验验证，对影响实验结果的可能因素进行分析，运用二粒子机械模型对调节机理进行分析，以此为 GHz 波段基于金属超材料 EIT 现象的应用研究提供指导。

5.1 金属 EIT 结构与机理

5.1.1 建立模型

在 EIT 超材料研究中，条形带和开口谐振环等结构是基础的谐振单元，科研人员通过组合不同数量、材质和形式的基础谐振单元开展了超材料在相应频段的 EIT 现象研究。本章结合已有 EIT 超材料研究成果，利用不同的构成材料和组成形式，设计了不同的 EIT 超材料结构，并利用电磁缩比原则[129]完成了相应结构尺寸的选取工作。

图 5-1 为本章所述的金属超材料 EIT 结构示意图，整个 EIT 结构为周期结构，如图 5-1（a）所示。该结构由 x 和 y 方向周期排列的单元（unit cell）组成，周期值 P_x=30 mm，P_y=30 mm。每一个单元中包含一 H 形金属带和一对平行的条形金属带构成的谐振结构，如图 5-1（b）所示，该金属谐振结构位于聚四氟乙烯玻璃布板（F4BM）上。

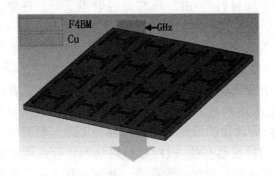

（a）整体效果图

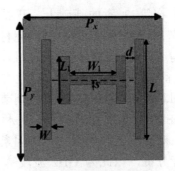

（b）单元结构俯视图

图 5-1 金属超材料 EIT 结构图

在该谐振结构中，H形金属带为明模式谐振单元，而一对平行的条形金属带为暗模式谐振单元，H形金属带位于平行条形金属带中间，因此，本章所述的金属EIT结构为明-暗耦合模式。金属的材料为铜，通过尺寸设计，该结构能够产生GHz波段的超材料EIT现象。铜的电导率为5.96×10^7 S/m，厚度为 0.035 mm，条形金属带的长度 L = 21.2 mm，宽 W = 2 mm，H 形金属带的尺寸为 L_1 =10 mm，W_1 =10 mm，H 形金属带与条形金属带的横向距离为 d = 2 mm，H 形金属带中心与单元中心的纵向距离 s = 2 mm。基板聚四氟乙烯玻璃布板的相对介电常数为 2.65，损耗角的正切值为 0.0015[130]，厚度为 0.965 mm。当入射电磁波在 x 方向极化时，H 形金属带能够产生强烈的谐振，即明谐振模式；而一对条形金属带在此极化方向的电磁波下表现出非谐振状态，即暗谐振模式。当二者在一定的纵向距离 s 和横向距离 d 排列时，便会产生强烈的能量传递，从而产生干涉相消，最终产生类原子系统的 EIT 现象。距离 s 和 d 的数值对明–暗模式的耦合效果起至关重要的作用。

5.1.2 EIT 机理

为了展示本章所述的金属超材料 EIT 现象的调节特性，首先对该结构的 EIT 形成机理进行分析，分别对单独的 H 形金属带结构、单独的条形金属带结构和二者混合后 EIT 结构的传输特性进行分析。本章利用基于 FDTD 算法的 CST Microwave Studio 软件进行数值仿真，仿真时入射电磁波垂直入射金属表面，极化方向为 x 方向，即图 5-1（b）中左右边界条件设置为电场，而上下边界条件设置为磁场。图 5-2 为数值仿真结果图。

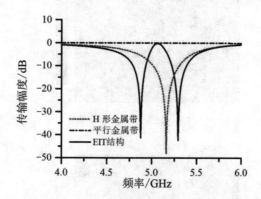

图 5-2　单独谐振结构和 EIT 结构传输谱

从图 5-2 可以看出，单独的 H 形金属带在 x 方向极化方式的电磁波作用下，谐振于 5.16 GHz，即明模式；而一对条形金属带表现出非谐振状态，即为暗模式。将二者组合后即可得到本章所述的金属超材料 EIT 结构，该结构在相同极化方式电磁波作用下展现出 EIT 现象，透明峰频率为 5.06 GHz，位于传输谷点Ⅰ（4.88 GHz）和谷点Ⅱ（5.29 GHz）之间，这就是类原子系统 EIT 的超材料 EIT 现象。为了进一步描述该 EIT 结构的电磁能量传输机理，图 5-3 展示了 5.16 GHz 频率处的单独 H 形金属带、单独条形金属带的电场分布图和 5.06 GHz 频率处的 EIT 结构电场分布图。

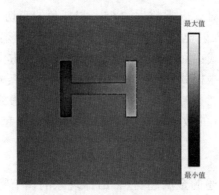

（a）H形金属带

（b）平行金属带

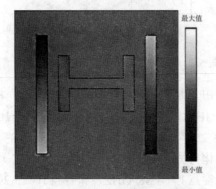

（c）EIT 结构

图 5-3　单独谐振结构和 EIT 结构电场分布图

由图 5-3 可以看出，单独的 H 形金属带在谐振频率处展现出的是电感–电容谐振（LC 谐振），强电场集中在 H 形金属带两侧的单元，且极性相反，如图 5-3（a）所示；而一对条形金属带在此频率处无明显强电场存在，亦证明其处于暗谐振状态，如图 5-3（b）所示。当将二者组合成 EIT 结构后，条形金属带由于受到 H 形金属带的激发，上下两端呈现强电场，体现出四极子谐振状态，而 H 形金属带的电场被抑制，如图 5-3（c）所示。即单独的 H 形金属带的谐振状态导致该频段处电磁波的透射率降低，但由于条形金属带的引入，使得电磁能量由 H 形金属带传递到条形金属带，在二者近场耦合作用下使得该频段的电磁波表现出高透射率现象，即传输透明，从而产生了类原子系统的 EIT 现象。

如前文所述，EIT 具有强烈的色散现象，对入射电磁波具有慢光作用，而慢光效应一般用群延时 t_g 来衡量，其定义如式（5-1）所示[109]

$$t_g = -\frac{\mathrm{d}\varphi(\omega)}{\mathrm{d}\omega} \tag{5-1}$$

其中：$\varphi(\omega)$ 为传输相位差；ω 为入射电磁波的角频率。图 5-4 为本章所述的金属超材料 EIT 结构的电磁波相位差（实线）和群延时曲线（虚线）。

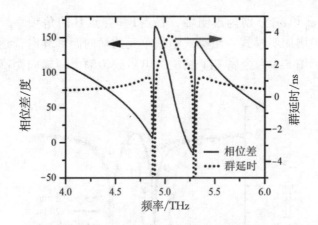

图 5-4　金属超材料 EIT 结构的电磁波相位差与群延时

如图 5-4 所示，电磁波经金属 EIT 结构后产生了明显的色散现象，在透明窗口频率区间（传输谷点 I 和谷点 II 之间）存在明显的慢光特性，在透明峰 5.06 GHz 处，群延时可达 3.83 ns，验证了 EIT 超材料结构同样产生了类原子系统的 EIT 慢光效应。

5.2 电磁特性调节

  本章所述的金属超材料 EIT 结构不具备主动可调节特性，可通过改变结构中谐振单元的固有尺寸或相对位置等实现 EIT 现象的被动调节，本节重点讨论两组谐振单元相对位置的变化对 EIT 现象的调节作用。

  如前文所述，EIT 耦合系统中谐振单元的耦合强度主要由谐振单元的相对位置和间距决定，对于本章所述的 EIT 结构，纵向距离 s 和横向距离 d 将影响明−暗模式耦合作用的效果，及透明窗口的性能。因此，通过改变纵向距离 s 或横向距离 d 可实现对透明窗口的调节，以满足实际应用过程中对透明窗口特性的需要。下面分别讨论纵向距离 s 和横向距离 d 对透明窗口的调节作用。

  首先，由于明模式谐振单元（H 形金属带）和暗模式谐振单元（一对条形金属带）之间是通过近场耦合作用完成能量传递和相互干涉而产生的电磁诱导透明现象，所以从理论上分析，增加明模式和暗模式之间的横向距离 d 会降低二者间的相互耦合作用。由于耦合系数 κ 可根据式（5-2）定义[109]

$$\kappa = \sqrt{\omega_0^2 - \omega_I^2} \quad \text{或} \quad \kappa = \sqrt{\omega_{II}^2 - \omega_0^2} \tag{5-2}$$

其中，ω_0，ω_I 和 ω_{II} 分别为透明峰、谷点 I 和谷点 II 的角频率。因此，可以分析得出，当增加明模式和暗模式谐振单元的横向距离 d 时，透明窗口的带宽将会减小。图 5-5 为金属 EIT 结构的电磁波传输谱随横向距离 d 变化时的曲线。

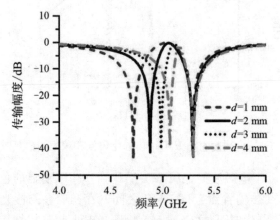

图 5-5 传输谱随横向距离 d 变化时的曲线

由图 5-5 可以看到，在横向距离 d 由 1 mm 增加到 4 mm 的过程中，透明窗口的带宽明显变小，这说明明–暗模式谐振单元的耦合强度降低，符合之前的理论分析。同时，我们还看到，当增加横向距离 d 时，透明窗口出现了明显的蓝移（Blue shift），这主要是由于暗模式谐振单元是由两个条形金属带构成的，增加横向距离 d 时会改变两个条形金属带间的内部相互作用，使得暗模式谐振单元（条形金属带）的固有谐振频率出现蓝移，从而导致透明窗口的移动。

其次，当改变 H 形金属带中心与单元中心的纵向距离 s 时，EIT 现象也会受到影响，图 5-6 为金属 EIT 结构的电磁波传输谱随纵向距离 s 变化时的曲线。

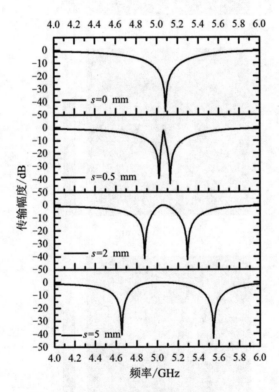

图 5-6　传输谱随纵向距离 s 变化时的曲线

由图 5-6 可以看出，当 s=5 mm 时，透明窗口的带宽最大，明–暗模式耦合作用最强。当纵向距离 s 由 5 mm 减小至 0 mm 时，EIT 现象逐渐减弱，当 s=0 mm 时 EIT 现象完全消失，此时传输谱曲线仅仅表现为一谐振谱。为了便于解释该现象，图 5-7 展示了当纵向距离 s 由 5 mm 减小到 0 mm 时，EIT 结构的电场分布图。

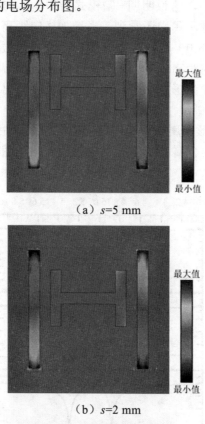

（a）s=5 mm

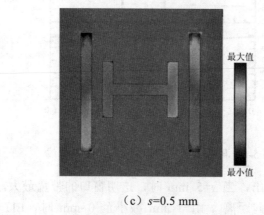

（b）s=2 mm

（c）s=0.5 mm

图 5-7　电场分布随 s 变化图

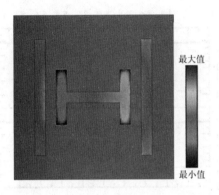

（d）s=0 mm

图 5-7　电场分布随 s 变化图（续）

由图 5-7 可以看到，当纵向距离 s=5 mm 时，强电场几乎完全集中于条形金属带上，这恰恰能够证明二者耦合作用强，从而大部分能量都传递到条形金属带上；当 s 减小后，尤其是当 s=0.5 mm 和 s=0 mm 时，H 形金属带上也能够体现出相当强度的电场。由图 5-1（b）所示的结构图可以发现，在 s 由 5 mm 变化到 0 mm 的过程中，以横轴为对称线，整个 EIT 结构呈现由不对称结构到对称结构的转变，当 s=0 mm 时，结构完全对称。这种对称结构的结果是 H 形金属带的一侧对相邻条形金属带两端的能量传递贡献相同，从而抑制了一对条形金属带的四极子谐振状态的形成。图 5-7（d）中的 LC 谐振电场分布也说明了电磁能量并未传递给条形金属带。因此，此时该结构仅仅是 H 形金属带的 LC 谐振状态，传输谱表现为谐振谱特点，并未形成 EIT 现象。

5.3　调节机理分析

为了从物理机理上进一步说明纵向距离 s 变化时谐振单元参数的改变，本节将利用前文所述的二粒子机械模型拟合当纵向距离 s 变化时等效模型参数的变化情况。图 5-8 为运用二粒子机械模型拟合纵向距离 s 变化时金属 EIT 结构的电磁波传输谱。图 5-9 为拟合参数结果图，其中：κ 为耦合系数；γ_1 为明模式谐振单元的阻尼系数；γ_2 为暗模式谐振单元的阻尼系数，单位均为 rad/ns。拟合结果显示阻尼系数 $\gamma_1 \gg \gamma_2$，符合第 3 章关于明-暗模式耦合系统的特点。

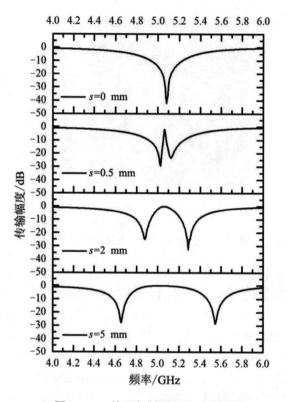

图 5-8　二粒子机械模型拟合传输谱

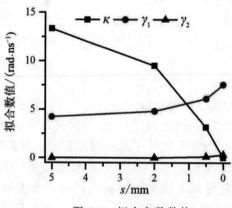

图 5-9　拟合参数数值

由图 5-9 可以看到，在纵向距离 s 由 5 mm 减小到 0 mm 的过程中，阻尼系数 γ_2 几乎不变且为较小的数值，而阻尼系数 γ_1 呈现增加的趋势。这说明 H 形金属带在逐渐向单元中心移动的过程中，由于能量传递受阻导致了阻尼系数增加，耦合系数 κ 明显降低，符合图 5-6 和图 5-8 透明窗口的带宽变化趋势，当 $s=0$ mm 时，耦合系数 κ 为零。

5.4 金属 EIT 结构的实验结果和误差分析

5.4.1 实验结果

根据 5.1.1 小节中的金属 EIT 结构模型，本节从实验角度验证纵向距离 s 变化对金属 EIT 结构传输特性的影响。介质基板采用的是泰州市旺灵绝缘材料厂的宽介电常数聚四氟乙烯玻璃布覆铜箔板 F4BM265，标定的相对介电常数为 2.65，损耗角的正切值为 0.001 5，板厚 1 mm（0.035 mm 铜箔+0.965 mm F4BM），公差为 ±0.05 mm。本节共加工了 $s=0$ mm，0.5 mm，2 mm 和 5 mm 四个测试板，样本尺寸均为 300 mm×300 mm，测试样本如图 5-10 所示。

（a）$s=5$ mm

图 5-10 测试样本图

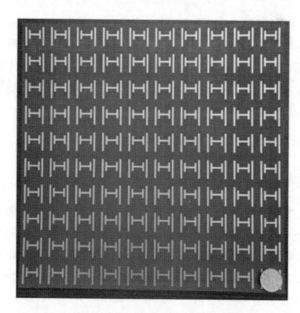

（b）s=2 mm

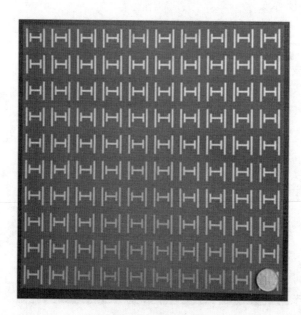

（c）s=0.5 mm

图 5-10　测试样本图（续）

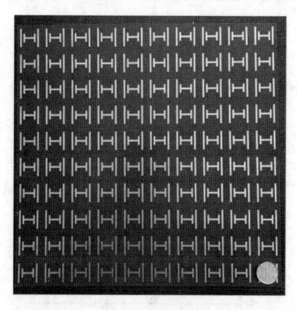

（d）s=0 mm

图 5-10　测试样本图（续）

该样本测试采用的是自由空间法，测试示意图如图 4-2 所示，其中矢量网络分析仪为安捷伦 E8364B，采用 2 个 HD-48SGAH15 标准增益喇叭，两个喇叭分别作为发射天线和接收天线，二者相距 300 mm。图 5-11 为纵向距离 s 变化时样板实验测试传输幅度曲线，即 S_{21} 参数的幅值。

由图 5-11 可以看出，当 s=0 mm 时，样本测试结果同样展现出谐振谱线特性，当 s 逐渐增加到 5 mm 时，透明窗口出现，且随着 s 数值增大带宽逐渐增大。该实验测试结果与 CST 仿真结果和二粒子机械模型拟合结果完好吻合，验证了该金属超材料 EIT 结构的传输谱随纵向距离 s 变化的特性。

5.4.2 误差分析

关于仿真计算和实验测试结果存在的差异是科研人员一直在探讨的问题。一般来说，二者的差异主要由计算精度、测试手段和样板参数变化等几方面决定，本节重点讨论样板参数的变化对于 EIT 现象的影响。在样板加工过程中，由于选定基材的参数和加工尺寸在公差范围内会存在一定的随机变化，所以这必然会对测试结果产生影响，而这一点已经得到科研人员的普遍认可。然而，对于 EIT 超材料这个复杂系统而言，定量和定性分析这些参数

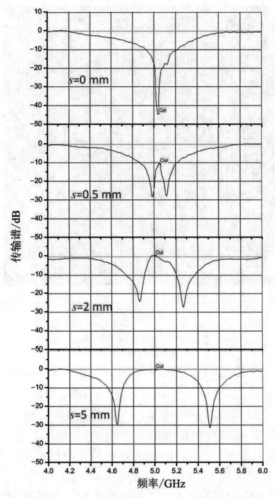

图 5-11　测试传输谱随 s 变化时的曲线

的变化对EIT性能的影响是十分必要的。本节重点讨论F4BM基板的厚度、相对介电常数和损耗角正切值的变化对透明窗口的影响。以下EIT结构的传输特性均是在图 5-1 结构参数的基础上讨论的，即 s=2 mm，d=2 mm。

　　图 5-12 为介质板 F4BM 厚度变化时金属EIT结构的电磁波传输谱。由图 5-12 可以看出，当介质板厚度由 0.930 mm 增加到 1 mm 时，传输谱线出现了明显的红移（red shift），即相对于F4BM265标定的基板厚度 0.965 mm，当实际尺寸小于标定值时，传输谱展现蓝移特性，而大于标定值时展现红移特性。

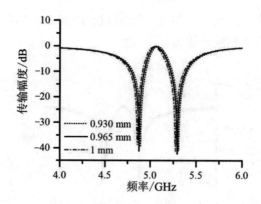

图 5-12　基板厚度变化时所对应的传输谱

　　另外，介质板的工作频率和介电常数稳定性问题一直是科研人员关注的问题之一，相对于传统的环氧玻璃布层压板（FR4），聚四氟乙烯玻璃布板具有更高的工作频率和介电常数稳定特性，这是本章所述金属 EIT 结构的实验特性明显好于之前基于 FR4 基板的金属超材料 EIT 结构测试效果的原因之一。图 5-13 为基板 F4BM 的相对介电常数变化时金属 EIT 结构的电磁波传输谱。

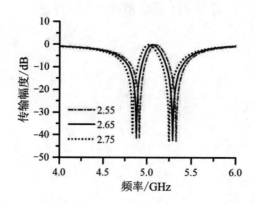

图 5-13　基板 F4BM 介电常数变化时所对应的传输谱

　　由图 5-13 可以看出，随着 F4BM 介质板的相对介电常数由 2.55 增加到 2.75，透明窗口呈现频率红移特性，即相对于 F4BM265 标定的相对介电常数 2.65，当实际的相对介电常数小于标定值时，传输谱频率蓝移，而大于标定值时，传输谱频率红移。图 5-14 为基板 F4BM 的损耗角的正切值变化时金属 EIT 结构的电磁波传输谱。

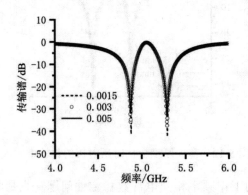

图 5-14　基板损耗角的正切值变化时所对应的传输谱

由于损耗角的正切值表征材料的损耗属性，所以由图 5-14 可以看出，当损耗角的正切值变化时，透明峰和传输谷点频率没有明显改变，即损耗角的正切值不影响系统的耦合系数。但传输谱谷点的凹陷深度会发生明显改变，即当损耗角的正切值由 0.0015 增加到 0.0050 时，传输谱谷点的凹陷程度变浅（数值上变大），符合 EIT 系统损耗增加的特征。

第 6 章 基于石墨烯的明−明模式耦合 EIT 超材料

近年来，主动可调节 EIT 超材料的研究引起了科研人员的极大关注。石墨烯由于具有优异的光学特性，被誉为良好的主动可调节超材料研究平台，尤其是它的费米能级具有栅电压依赖特性，即可以通过调整石墨烯的栅电压的方法来改变石墨烯的费米能级，从而实现电压调节石墨烯的面电导率而达到超材料电磁性能的主动可调节目的。目前，科研人员已经开展了多种基于石墨烯超材料 EIT 结构的性能研究[84-89]。然而，在这些研究成果中，石墨烯大都是以离散状态存在的，对于制成周期结构后如何施加栅电压等方面的研究均存在不足。

另外，明−明模式耦合已经被证实为超材料 EIT 现象产生的基本方法[65]。然而，针对当前已有研究成果，关于石墨烯超材料 EIT 结构的独特调节能力和潜在应用仍值得进一步研究。本章基于石墨烯超材料，设计了一种明−明模式耦合的 EIT 结构。该结构由两组混合石墨烯纳米带组成，每组石墨烯纳米带均能被入射电磁波激发，但固有谐振频率不同，符合明−明模式耦合 EIT 结构的特点。两组混合石墨烯纳米带的费米能级可分别通过独立偏压调节，可以在不改变结构固有尺寸的条件下，实现透明窗口的主动调节，包括透明窗口的整体频移、固定透明峰频率的透明幅度调节、固定透明峰频率且具有高透射率的群延时动态调节等在之前 EIT 超材料中未报道的主动可调节 EIT 现象。此外，本章还基于二粒子机械模型对该明−明模式耦合 EIT 结构的调节机理进行了分析，以此来了解石墨烯费米能级改变过程中，耦合 EIT 系统参数的变化。

6.1 明−明模式耦合的石墨烯 EIT 结构与机理

6.1.1 建立模型

石墨烯条形带是目前石墨烯超材料常见的谐振单元选择方案，关于结构尺寸的设计有许多方案可作参考[84,88-89]。为了增强谐振单元的谐振强度和近场耦合作用，本章介绍的两组明模式谐振单元均采用一对水平石墨烯条形带的方案。通过调节两组谐振单元的距离和微调石墨烯条形带的尺寸以得到较好的耦合效果和透明窗口曲线。图 6-1 为本章所述的基于石墨烯超材料的明−明模式耦合 EIT 结构示意图，该结构可在 THz 波段观测到 EIT 现象。

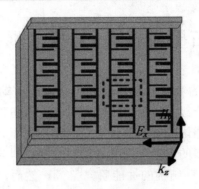

（a）整体效果图

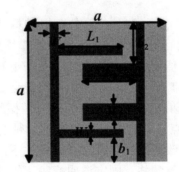

（b）单元结构俯视图

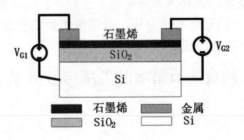

（c）单元结构侧视图

图 6-1　明－明模式耦合的石墨烯 EIT 结构示意图

　　如图 6-1（a）所示，整个 EIT 结构为一周期结构，该结构由 x 和 y 方向周期排列的单元组成，周期值 $a=16\mu m$。每一个单元包含两组混合石墨烯纳米带，每组混合石墨烯纳米带包含一对水平的石墨烯条形带，两组中的水平石墨烯条形带尺寸不同，且各自通过一垂直石墨烯带连接至各自的金属电极，如图 6-1（a）所示。石墨烯单元平铺在 SiO_2/Si 衬底上，外加偏压施加在石墨烯和 Si 衬底之间，如图 6-1（c）所示。薄 SiO_2 层的作用是为了避免调节偏压时衬底被电击穿。在图 6-1（b）中，左侧水平石墨烯纳米带（left graphene-nanostrip，LGN）的长 L_1 为 7.5 μm，宽 W_1 为 1 μm，右侧水平石墨烯纳米带（right graphene-nanostrip，RGN）的长 L_2 为 6.3 μm，宽 W_2 为 2 μm，其他结构的尺寸如下：W=1 μm，b_1=2.8 μm，b_2=4.7 μm。SiO_2 和 Si 的厚度分别为 300 nm 和 30 μm。

6.1.2 EIT 机理

为了展示本章所述的基于石墨烯超材料明–明模式耦合结构的 EIT 现象调节特性，首先对该结构 EIT 现象的形成机理进行分析，分别对单独的 LGN 结构、单独的 RGN 结构和二者混合后 EIT 结构的传输特性进行分析。由于石墨烯具有极佳的光学特性，它优异的电磁超材料性能从 THz 到可见光频段都有体现，其光学性能主要由其电导率表征，而电导率数值由带内载流子跃迁和带间跃迁所决定。因此，在仿真阶段关于石墨烯的建模可以利用 Kubo 方程，则单层石墨烯的电导率表达式如（6-1）所示[131-132]

$$\sigma_g = \sigma_{intra} + \sigma_{inter} = i\frac{e^2 k_B T}{\pi\hbar^2\left(\omega + i\tau^{-1}\right)}\left[\frac{E_F}{k_B T} + 2\ln\left(\exp\left(-\frac{E_F}{k_B T}\right) + 1\right)\right] +$$
$$i\frac{e^2}{4\pi\hbar}\ln\left[\frac{2|E_F| - \hbar\left(\omega + i\tau^{-1}\right)}{2|E_F| + \hbar\left(\omega + i\tau^{-1}\right)}\right] \tag{6-1}$$

式中，σ_{intra} 为带内跃迁电导率，σ_{inter} 为带间跃迁电导率，e 为电子电荷数，k_B 为玻耳兹曼常数，T 为环境温度，$\hbar$ 为约化普朗克常量，ω 为入射电磁波角频率，E_F 为石墨烯费米能级，其数值可由式（6-2）得出[133]，τ 为弛豫时间，其表达式可由式（6-3）表示

$$E_F = \hbar v_f\sqrt{\pi n_s} = \hbar v_f\sqrt{\frac{\pi\varepsilon_d\varepsilon_0 V}{et_d}} \tag{6-2}$$

$$\tau = \frac{ev_f^2}{\mu E_f} \tag{6-3}$$

其中：μ 为石墨烯的电子迁移率，$v_f \approx 10^6$ m/s 为费米速度，n_s 为石墨烯载

流子浓度，t_d 和 ε_d 为衬底的厚度和相对介电常数，ε_0 为真空中的介电常数；V 为施加在栅极上的电压。

在 THz 波段，由于带内载流子跃迁占主导作用，因此 $\sigma_{\text{intra}} \gg \sigma_{\text{inter}}$，所以

$$\sigma_g \approx \mathrm{i}\frac{e^2 k_B T}{\pi \hbar^2 \left(\omega + \mathrm{i}\tau^{-1}\right)}\left(\frac{E_F}{k_B T} + 2\ln\left(\exp\left(-\frac{E_F}{k_B T}\right) + 1\right)\right) \qquad (6\text{-}4)$$

则由此可以推出单层石墨烯的复介电常数为

$$\varepsilon = 1 + j\frac{\sigma_g}{\omega \varepsilon_0 d} \qquad (6\text{-}5)$$

本章所采用的石墨烯均为单层，厚度 d=0.34 nm。

本章利用基于FDTD算法的CST Microwave Studio软件进行数值仿真，仿真时 x 方向极化的入射电磁波垂直入射石墨烯表面，即图 6-1（b）中左右边界条件设置为电场，上下边界条件设置为磁场。SiO$_2$ 和 Si 衬底的相对介电常数分别为 3.9 和 11.7。THz波段石墨烯的介电常数可由式（6-4）和（6-5）得出，其中石墨烯费米能级 $E_{FL} = E_{FR}$=0.5 eV（E_{FL} 为LGN费米能级，E_{FR} 为RGN费米能级），μ=10000 cm^2/(V·s)[84]，T=300 K。图 6-2 为数值仿真结果图。

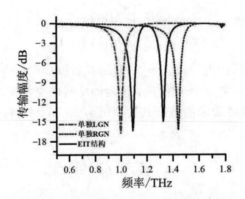

图 6-2　单独谐振单元和 EIT 结构传输谱

由图6-2可以看出，单独的LGN单元在 x 方向极化方式的电磁波作用下，谐振于1.00 THz，而单独的RGN在相同电磁波作用下谐振于1.44 THz，即在 x 方向极化方式的电磁波作用下，LGN和RGN都能够与电磁波产生较

强的相互作用，都表现出明模式的谐振状态。但两组混合石墨烯纳米带中的水平石墨烯纳米带具有不同的物理尺寸，所以固有谐振频率不同。当 LGN 和 RGN 组合后便形成了本章所述的明–明模式耦合 EIT 结构，在相同极化方式电磁波作用下，产生了类原子系统的 EIT 现象，其中透明峰频率为 1.20 THz，位于传输谷点 I（1.09 THz）和谷点 II（1.32 THz）之间。谷点 I 和谷点 II 由于 LGN 和 RGN 的近场耦合作用偏离了其固有频率（1.00 THz 和 1.44 THz）。为了进一步描述该结构的近场耦合物理机制，图 6-3 展示了传输谷点 I、谷点 II 和透明峰频率处的 x 方向电场强度和面电流密度分布情况。

由图 6-3（a）和（d）可以看出，对于传输谷点 I（1.09 THz）频率处，LGN 表现出明显的电偶极子谐振状态，体现了该谐振单元在该电磁波作用下的明谐振状态；而对于谷点 II（1.32 THz）频率处，RGN 同样表现出了明显的电偶极子谐振状态，说明其亦处于明谐振状态，如图 6-3（b）和（e）所示。此外，LGN 和 RGN 的固有谐振频率不同，符合明–明模式耦合的条件。对于透明峰频率 1.20 THz 处，由图 6-3（c）和（f）可以看出，LGN 和 RGN 均具有明显的强电场和面电流密度，而且 LGN 和 RGN 单元的电场和面电流分布相位相反。因此，该频率处由于强烈的近场耦合作用而产生了四极子谐振状态和干涉相消现象，最终产生了传输透明特性。

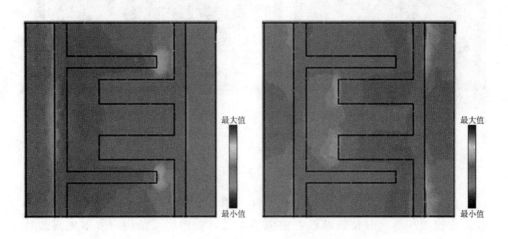

（a）谷点 I 电场分布   （b）谷点 II 电场分布

图 6-3 传输谷点 I、谷点 II 和透明峰频率处电场分布和面电流密度

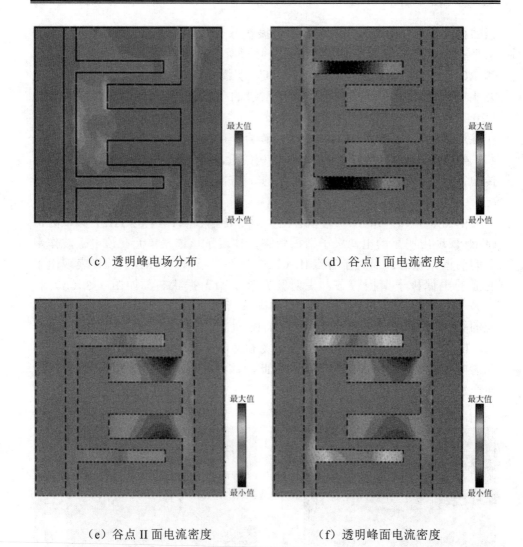

（c）透明峰电场分布　　　　　　（d）谷点 I 面电流密度

（e）谷点 II 面电流密度　　　　　（f）透明峰面电流密度

图 6-3　传输谷点 I、谷点 II 和透明峰频率处电场分布和面电流密度（续）

　　为了验证该结构所具有的慢光特性，图 6-4 展示了该结构垂直入射电磁波的相位差和群延时特性曲线。由图 6-4 可以看出，该结构对入射电磁波具有明显的色散作用和慢光特性，在透明峰频率 1.20 THz 处，群延时可达 2.54 ps，验证了明–明模式耦合的石墨烯 EIT 结构产生了类原子系统的 EIT 现象。

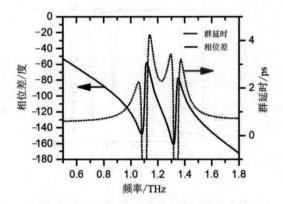

图 6-4　明-明模式耦合的石墨烯 EIT 结构传输相位差和群延时

6.2 电磁特性调节

本节重点讨论主动可调节特性。由于石墨烯的费米能级可随栅偏压进行动态调节，而石墨烯谐振单元的谐振特性受控于费米能级，表现出谐振频率、强度随费米能级变化而变化的特性。因此，本章所述的明-明模式耦合石墨烯超材料具有 EIT 现象主动可调节特性。

为了展示本章所述的 EIT 现象的可调节性能，首先分析单独的 LGN 和 RGN 的谐振特性随石墨烯费米能级变化的特点，图 6-5 展示了单独的 LGN 和 RGN 的谐振特性随石墨烯费米能级变化的传输谱。表 6-1 为单独 LGN 和 RGN 的谐振频率和谐振强度随石墨烯费米能级变化表。

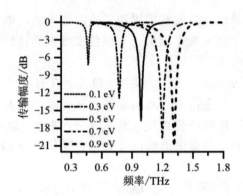

（a）单独 LGN 谐振特性随费米能级变化

图 6-5　单独石墨烯谐振单元随费米能级变化的传输谱

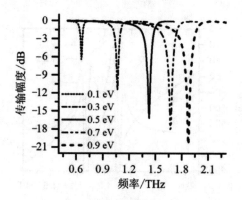

（b）单独 RGN 谐振特性随费米能级变化

图 6-5　单独石墨烯谐振单元随费米能级变化的传输谱（续）

表 6-1　单独 LGN 和 RGN 的谐振频率和谐振强度随石墨烯费米能级变化表

石墨烯	LGN		RGN	
费米能级(eV)	频率(THz)	幅度(dB)	频率(THz)	幅度(dB)
0.1	0.46	−7.33	0.66	−6.56
0.3	0.77	−13.15	1.06	−11.70
0.5	1.00	−16.48	1.44	−16.47
0.7	1.19	−20.00	1.67	−18.41
0.9	1.31	−21.94	1.87	−20.91

　　由图 6-5 可以看出，随着石墨烯费米能级的增加，单独的 LGN 和 RGN 谐振单元都展现出了谐振频率增加、谐振强度增大的特性，符合谐振单元谐振频率 $f \propto \sqrt{E_F}$ 的特性[109]。

　　接下来，为了展示本章所述的明-明模式耦合石墨烯 EIT 结构的主动可调节能力，首先分析单独改变一组石墨烯费米能级，而另一组费米能级保持不变时 EIT 结构的传输特性曲线。图 6-6 分别为一组石墨烯费米能级为 0.5 eV，而另一组石墨烯费米能级由 0.46 eV 变化到 0.54 eV 时，对应的透明窗变化曲线。

　　由图 6-6（a）可以看出，当 LGN 的费米能级（E_{FL}）为 0.5 eV 不变时，RGN 的费米能级（E_{FR}）由 0.46 eV 增加到 0.54 eV 时，透明窗口出现了明显的蓝移特性，即透明峰和谷点 II 的频率明显增大，而谷点 I 由于近场耦合作用的改变频率微小变化；相反，由图 6-6（b）可以看出，当 E_{FR} 为 0.5 eV 不变时，E_{FL} 由 0.46 eV 增加到 0.54 eV 时，透明窗口出现了明显的蓝移特性，即透明峰和谷点 I 的频率明显增大，而谷点 II 由于近场耦合作用的改变频率微小变化。该调节结果显示出，通过改变 V_{G1} 和 V_{G2} 的电压（图 6-1（c））均可以动态调节该结构所产生的 EIT 现象。

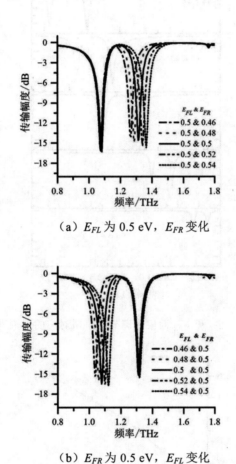

（a）E_{FL} 为 0.5 eV，E_{FR} 变化

（b）E_{FR} 为 0.5 eV，E_{FL} 变化

图 6-6　调节一组石墨烯纳米带费米能级所对应的传输谱

图 6-7 展示了当同时将 E_{FL} 和 E_{FR} 改变为同一数值时，透明窗口的变化曲线。由图 6-7 可以看出，在 E_{FL} 和 E_{FR} 同时由 0.1 eV 增加到 0.9 eV 的过程中，透明窗口整体出现了频率蓝移，且谷点 I 和谷点 II 的凹陷程度加深，谷

点Ⅰ和谷点Ⅱ之间的带宽增大。图 6-8 为 E_{FL} 和 E_{FR} 同时由 0.1 eV 增加到 0.9 eV 的过程中，透明峰频率的变化曲线图。

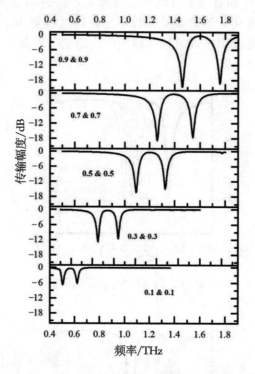

图 6-7　E_{FL} 和 E_{FR} 为相同调节值时所对应的传输谱

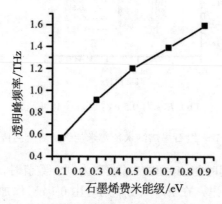

图 6-8　费米能级为相同调节值时所对应的透明峰频率

由图 6-8 可以看到，在 E_{FL} 和 E_{FR} 同时由 0.1 eV 增加到 0.9 eV 的过程中，透明峰频率由 0.57 THz 增加到 1.59 THz，频率调制深度(f_{mod}，$f_{mod} = \Delta f / f_{max}$)为 64.2%。

另外，该 EIT 结构可以通过改变 E_{FL} 和 E_{FR} 为不同数值实现透明峰频率固定而透明峰幅度的动态可调，图 6-9 是以透明峰频率固定于 1.20 THz 为例，通过改变 E_{FL} 和 E_{FR} 数值实现透明峰幅度动态可调的效果图。表 6-2 为透明峰频率固定为 1.20 THz，E_{FL} 和 E_{FR} 数值所对应的透明峰幅度。

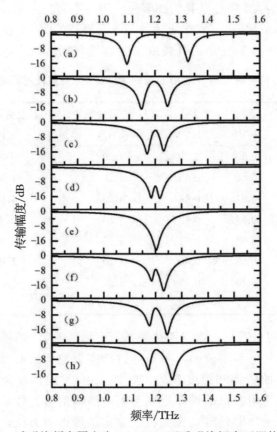

图 6-9　透明峰频率固定为 1.20 THz 而透明峰幅度可调的传输谱

图 6-9（a）即为图 6-2 中的 EIT 传输谱（黑色实线所示），此时 $E_{FL}=E_{FR}=0.5$ eV，透明峰幅度为 −0.44 dB。由图 6-9 和表 6-2 可以看出，相对于 $E_{FL}=E_{FR}=0.5$ eV 的传输谱，当增加 E_{FL} 和减少 E_{FR} 时，会使透明峰幅度减小，当 $E_{FL}=0.61$ eV，$E_{FR}=0.44$ eV 时幅度降为 −4.44 dB，如图 6-9（c）所

示。而当 E_{FL}=0.65 eV，E_{FR}=0.41 eV 时，透明窗口消失，此时传输谱为一谐振特性曲线，幅度为−21.94 dB，如图 6-9（e）所示。在此过程中，1.20 THz 频率处的幅度调制深度(T_{mod}，$T_{\mathrm{mod}} = \Delta T/T_{\mathrm{max}}$) 为 91.6%。此后，当继续增加 E_{FL} 和减少 E_{FR} 时，透明窗口出现，透明峰频率处的幅度将呈现增大趋势，当 E_{FL}=0.72 eV，E_{FR}=0.38 eV 时，幅度可达−2.73 dB，如图 6-9（h）所示。需要指出的是，此时增加 E_{FL} 和减少 E_{FR} 时，由于 LGN 和 RGN 固有的谐振强度变化趋势不同，导致在图 6-9（e）～（h）的变化过程中透明窗口谷点 I 和谷点 II 的凹陷程度明显不同。因此，基于图 6-9 所展示的 EIT 可调节性 质，本章所述的基于石墨烯的明−明模式耦合 EIT 结构可用于固定频率的 THz 电磁开关或 THz 幅度调制器领域。

表 6-2   透明峰频率为 1.20 THz 时 E_{FL} 和 E_{FR} 数值及透明峰幅度

图标号	E_{FL} (eV)	E_{FR} (eV)	EIT 透明峰频率 (THz)	EIT 透明峰幅度 (dB)
（a）	0.50	0.50	1.20	−0.44
（b）	0.60	0.45	1.20	−1.94
（c）	0.61	0.44	1.20	−4.44
（d）	0.64	0.42	1.20	−10.46
（e）	0.65	0.41	1.20	−21.94
（f）	0.67	0.40	1.20	−7.33
（g）	0.70	0.39	1.20	−4.44
（h）	0.72	0.38	1.20	−2.73

由以上分析可以看出，本章所述的基于石墨烯的明−明模式耦合 EIT 结构具有较强的主动可调节能力，可以通过动态调整两组石墨烯单元的栅压来调节透明窗口的频率和幅度参数。此外，由于 EIT 现象具有明显的慢光效应，所以对透明窗口的调节必然会影响结构的慢光性能。基于以上分析，下面将探讨一种群延时（慢光特性）主动可调节方法，即通过调节石墨烯费米能级而产生一种透明峰频率固定且具有较高透射幅度，同时群延时具有动态可调节性能。图 6-10 展示了当同时改变 E_{FL} 和 E_{FR} 的数值，即由（0.44 eV，0.54 eV）到（0.53 eV，0.48 eV）的过程中，透明峰频率固定为 1.20 THz，且透明峰幅度大于−0.54 dB（幅度比为 94%），同时透明窗口的带宽减小，群延时在 1.35 ps 至 3.54 ps 之间变化。因此，本章所述的 EIT 结

构在当前调节方法下可应用于高透射率的可调节慢光器件领域。表 6-3 为透明峰频率固定为 1.20 THz 的群延时可调节数值表。

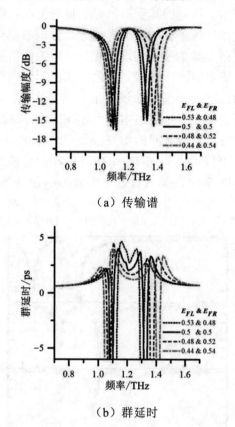

（a）传输谱

（b）群延时

图 6-10　高透射率且透明峰频率固定为 1.20 THz 的 EIT 结构传输谱和群延时曲线

表 6-3　高透射率且透明峰频率固定为 1.20 THz 的 EIT 结构群延时数值表

E_{FL} (eV)	E_{FR} (eV)	透明峰 频率 (THz)	透明峰 幅度 (dB)	透明峰 群延时 (ps)
0.44	0.54	1.20	-0.26	1.35
0.48	0.52	1.20	-0.35	1.78
0.50	0.50	1.20	-0.44	2.24
0.53	0.48	1.20	-0.54	3.54

6.3 调节机理分析

为了进一步了解本章所述的基于石墨烯超材料的明−明模式耦合 EIT 结构的调节机理，本节以二粒子机械模型为基础，分析石墨烯费米能级变化过程中，EIT 模型中等效参数的变化情况。图 6-11 为两组石墨烯纳米带费米能级为相同调节值时所对应的传输谱（黑色实线所示，曲线与图 6-7 一致）和二粒子模型拟合曲线（实心圆点曲线所示）的对比图。由图 6-11 可以看出，二粒子机械模型能够很好地描述本章所述 EIT 结构的传输特性，表 6-4 为图 6-11 中仿真值与拟合值之间的均方根误差（root mean square error，RMSE）。由表 6-4 可以看出图 6-11 中仿真值和拟合值之间的拟合误差较小，拟合效果较好，图 6-12 为拟合过程中得到的耦合系统参数值。

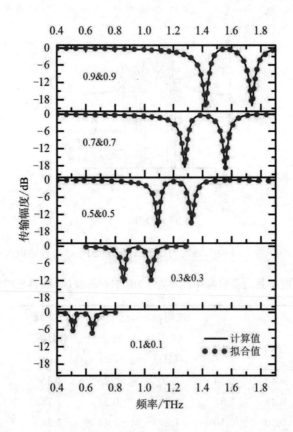

图 6-11　E_{FL} 和 E_{FR} 为相同调节值时的计算和拟合传输谱对比图

表 6-4　图 6-11 仿真值与拟合值之间的均方根误差

$E_{FL}=E_{FR}$（eV）	均方根误差（dB）
0.1	0.271
0.3	0.219
0.5	0.166
0.7	0.261
0.9	0.194

由图 6-12 可以看出，当石墨烯的费米能级由 0.1 eV 增加到 0.9 eV 的过程中，LGN 和 RGN 间的耦合系数 κ 增加，说明透明峰窗口应变宽，而这符合图 6-7 的仿真结果。另外，阻尼系数 γ_1 和 γ_2 都远大于零，符合明-明耦合模式的特点，且 γ_1 和 γ_2 在费米能级增加的过程中数值均增加，说明石墨烯费米能级的增加使得 LGN 和 RGN 与入射电磁波相互作用增强，谐振频率和谐振子损耗均增大。

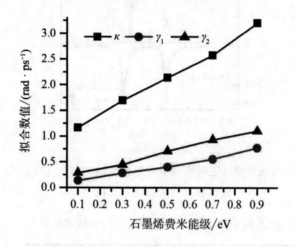

图 6-12　E_{FL} 和 E_{FR} 为相同调节值时的拟合参数值

此外，本节还对高透射率且透明峰频率固定为 1.20 THz 的群延时可调节情况进行了拟合，拟合结果如图 6-13 所示。

图 6-13 中黑色实线为仿真传输谱，实心圆点曲线为二粒子模型拟合传输谱。表 6-5 为图 6-13 中仿真值与拟合值之间的均方根误差，由图 6-13 和

表 6-5 可以看出，仿真值和拟合值之间的拟合误差较小，曲线吻合效果较好，表 6-6 为拟合过程中得到的耦合系统参数值。由表 6-6 可以看出，当（E_{FL}，E_{FR}）由（0.44 eV，0.54 eV）变化至（0.53 eV，0.48 eV）时，即透明峰 1.20 THz 频率处的群延时由 1.35 ps 增加到 3.54 ps 的过程中，由于 LGN 和 RGN 的固有频率逐渐接近，使得两个谐振子的阻尼系数增加，耦合作用减弱，所以产生了透明峰窗口变窄的现象。

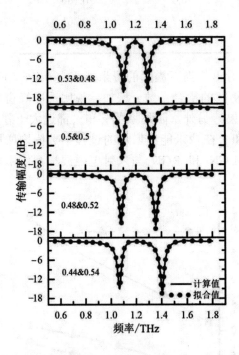

图 6-13　高透射率且透明峰频率固定为 1.20 THz 的 EIT 结构的
计算和拟合传输谱对比图

表 6-5　图 6-13 仿真值与拟合值之间的均方根误差

E_{FL}（eV）	E_{FR}（eV）	均方根误差（dB）
0.53	0.48	0.196
0.50	0.50	0.166
0.48	0.52	0.201
0.44	0.54	0.251

表 6-6　图 6-13 的拟合参数数值表

E_{FL} (eV)	E_{FR} (eV)	耦合系数 κ (rad/ps)	阻尼系数 γ_1 (rad/ps)	阻尼系数 γ_2 (rad/ps)
0.53	0.48	1.88	0.44	0.73
0.50	0.50	2.14	0.40	0.71
0.48	0.52	2.51	0.39	0.69
0.44	0.54	2.83	0.37	0.67

第 7 章 基于石墨烯的明–暗模式耦合 EIT 超材料

第 6 章介绍了一种基于石墨烯超材料的明–明模式耦合 EIT 结构，该结构在 x 方向极化电磁波的作用下，能够产生类原子系统的 EIT 现象，且具有较强的主动调节能力。结构中的两组石墨烯谐振单元均能被 x 方向极化的电磁波激发，而当改变电磁波极化方向时，EIT 现象将减弱或消失。但在超材料应用领域中，特定场合对于多极化方式或极化无关等性能具有较高的要求。对于超材料 EIT 现象，即要求在多个极化方向的电磁波作用下可以观测到 EIT 现象，甚至是任意极化角度均能产生相同的 EIT 效果，即极化无关 EIT 结构。

为了解决以上问题，科研人员设计了多种超材料结构实现了极化无关的电磁诱导透明现象[70,96]，但这些 EIT 结构，或是缺乏主动调节能力，或是因为石墨烯的离散状态面临着难以进行费米能级动态调整的难题。因此，本章提出了一种明–暗模式耦合的石墨烯 EIT 结构，该结构可在电磁波的两个垂直极化方向上观测到明显的透明窗口。由于结构中的明模式石墨烯单元和暗模式石墨烯单元分别连接至各自的金属电极，因此该结构具有较强的 EIT 现象主动调节能力。另外，该结构所展现的 EIT 现象会随着电磁波极化角度的变化而呈现减弱甚至消失的特点，故该结构可为超材料 EIT 现象在电磁波极性选择或极性翻转等领域的应用提供技术方案。

7.1 明–暗模式耦合的石墨烯 EIT 结构与机理

7.1.1 建立模型

本章结合已有的石墨烯超材料设计和第 6 章所述的方案，采用旋转石墨烯条形带以获得不同极化角电磁波激发且具有相同谐振频率的方案，并通过调节两组谐振单元相对距离和微调石墨烯尺寸以获得较好的耦合作用和透明窗口曲线。图 7-1 为基于石墨烯超材料的明–暗模式耦合 EIT 结构示意图，该结构可在 THz 波段电磁波的两个垂直的极化方向上观测到明显的 EIT 现象。整个 EIT 结构为一周期结构，如图 7-1（a）所示。该结构由 x 和 y 方向周期排列的单元组成，周期值 $P_x=23\,\mu m$，$P_y=16\,\mu m$。每一个单元包含两组混合石墨烯纳米带，左侧混合石墨烯纳米带包含一水平石墨烯纳米带，右侧混合石墨烯纳米带包含一垂直石墨烯纳米带，如图 7-1（b）所示。所有单元中的水平石墨烯纳米带和垂直石墨烯纳米带分别通过相应的石墨烯带连接至各自的金属电极。石墨烯单元平铺在 SiO_2/Si 衬底上，外加偏压施加在石墨烯和 Si 衬底之间，如图 7-1（c）所示，薄 SiO_2 层的作用是为了避免调节偏压时发生衬底电击穿。左侧混合石墨烯纳米带中的水平石墨烯纳米带的长 L_1=6.5 μm，宽 W_1=3.66 μm，右侧混合石墨烯纳米带中的垂直石墨烯纳米带的长 L_3=2 μm，宽 W_2=5.08 μm，如图 7-1（b）所示。其他石墨烯带（起连接作用）的尺寸如下：L=2 μm，L_2=5 μm，W_3=0.5 μm，LGN 和 RGN 的间距为 d。SiO_2 层和 Si 衬底的厚度分别为 30 nm 和 10 μm。

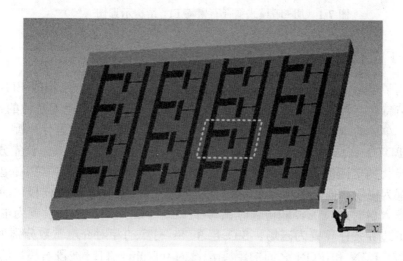

（a）整体效果图

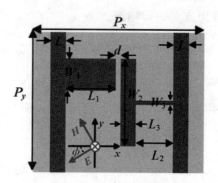

（b）单元结构俯视图

图 7-1　明–暗模式耦合石墨烯 EIT 结构示意图

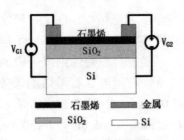

（c）单元结构侧视图

图 7-1　明–暗模式耦合石墨烯 EIT 结构示意图（续）

7.1.2 EIT 机理

为了展示本章所述的基于石墨烯超材料明–暗模式耦合结构的 EIT 现象可调节特性，首先对该结构的 EIT 形成机理进行分析，包括对单独的 LGN 结构、单独的 RGN 结构和二者混合后 EIT 结构的传输特性进行分析。利用基于 FDTD 算法的 CST Microwave Studio 软件进行数值仿真，首先分析 y 方向极化的电磁波垂直入射时的情况，即仿真时图 7-1（b）中左右边界条件设置为磁场，而上下边界条件设置为电场，然后再分析 x 方向极化的电磁波垂直入射时的情况，即仿真时图 7-1（b）中左右边界条件设置为电场，而上下边界条件设置为磁场。SiO_2 层和 Si 衬底的相对介电常数分别为 3.9 和 11.7。LGN 和 RGN 之间的距离 d 设为 0.5 μm，THz 波段石墨烯的相对介电常数可由式（6-4）和（6-5）得出，其中石墨烯费米能级 $E_{FL} = E_{FR} = 0.5$ eV，μ=40000 $cm^2/(V \cdot s)$[84,110]，T=300 K，图 7-2 为两个单独谐振单元和 EIT 结构在相应极化方向的传输谱。

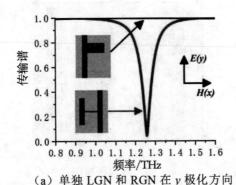

（a）单独 LGN 和 RGN 在 y 极化方向

图 7-2　两个单独谐振单元和 EIT 结构在相应极化方向的传输谱

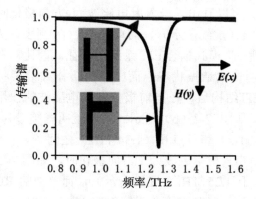

（b）EIT 结构在 y 极化方向

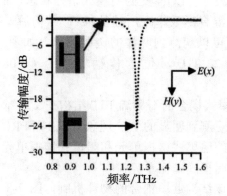

（c）单独 LGN 和 RGN 在 x 极化方向

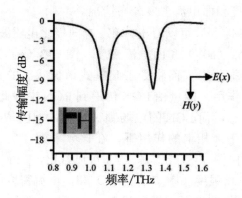

（d）EIT 结构在 x 极化方向

图 7-2　两个单独谐振单元和 EIT 结构在相应极化方向的传输谱（续）

由图 7-2（a）可以看出，当入射电磁波为 y 方向极化时，单独的 RGN 能够谐振于 1.25 THz（虚线所示），而单独的 LGN 则表现为非谐振状态（实线所示），符合明－暗模式耦合 EIT 系统的特征。因此，在当前极化方式电磁波下，RGN 为明模式谐振状态，而 LGN 为暗模式谐振状态。当二者混合形成本章所述的 EIT 结构后，在当前极化方式电磁波的作用下，可以观测到明显的透明窗口，如图 7-2（b）所示。其中透明峰频率为 1.23 THz，位于传输谷点 I（1.09 THz）和谷点 II（1.34 THz）之间。

与此相对应，当入射电磁波为 x 方向极化时，如图 7-2（c）所示，单独的 LGN 能够谐振于 1.25 THz（虚线所示），而单独的 RGN 则表现为非谐振状态（实线所示），此时亦符合明－暗模式耦合 EIT 系统的特征。因此，在当前极化方式电磁波下，LGN 变为明模式谐振状态，而 RGN 则变为暗模式谐振状态。当二者混合形成本章所述的 EIT 结构后，在当前极化方式电磁波的作用下，同样可以观测到明显的透明窗口，如图 7-2（d）所示，其中透明峰频率为 1.22 THz，位于传输谷点 I（1.08 THz）和谷点 II（1.33 THz）之间。

因此，该明－暗模式耦合的石墨烯 EIT 结构在 x 和 y 方向极化的入射电磁波作用下，均可以观测到明显的 EIT 现象。LGN 和 RGN 在 EIT 结构中的作用为 x 方向极化时的明模式谐振单元和暗模式谐振单元以及 y 方向极化时的暗模式谐振单元和明模式谐振单元。

为了进一步分析该结构近场耦合的物理机制，图 7-3 展示了相应极化方式下 LGN 在固有谐振频率处、RGN 在固有谐振频率处以及 EIT 结构在透明峰频率处的电场强度和面电流密度分布情况。

由图 7-3（a）和（e）可以看出，在 x 方向极化电磁波的作用下，x 方向的电场强度（图 7-3（a））和面电流密度（图 7-3（e））均显示 LGN 表现出明显的单极子谐振状态，而将处于暗模式谐振状态的 RGN 引入后，EIT 结构由于近场耦合作用，能量由 LGN 传递到 RGN 中，此时 RGN 表现出明显的偶极子谐振状态，而 LGN 的电场则被抑制，如图 7-3（d）和（h）所示。在近场耦合和干涉相消的作用下，在该频率处产生了电磁诱导透明现象。与此相对应，由图 7-3（b）和（f）可以看出，在 y 方向极化电磁波的作用下，y 方向的电场强度（图 7-3（b））和面电流密度（图 7-3（f））均显示 RGN 表现出明显的偶极子谐振状态，而将处于暗模式谐振状态的 LGN 引入后，由于近场耦合作用，能量由 RGN 传递到 LGN 中，LGN 此时表现出明显的单极子谐振状态，而 RGN 的电场则被抑制，如图 7-3（c）和（g）所示。在近场耦合和干涉相消的作用下，此结构在该极化方式电磁波作用下同样观测到了电磁诱导透明现象。

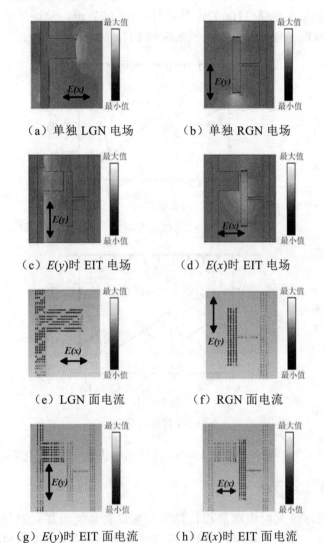

（a）单独 LGN 电场　　　　（b）单独 RGN 电场

（c）$E(y)$时 EIT 电场　　　　（d）$E(x)$时 EIT 电场

（e）LGN 面电流　　　　（f）RGN 面电流

（g）$E(y)$时 EIT 面电流　　　　（h）$E(x)$时 EIT 面电流

图 7-3　两个单独谐振单元和 EIT 结构在相应极化方向上的电场强度和面电流密度分布

为了验证该结构具有慢光特性，图 7-4 展示了该结构在 x 方向和 y 方向极化电磁波作用下的相位差（实线所示）和群延时（虚线所示）特性曲线。

由图 7-4 可以看出，该结构对入射电磁波具有明显的色散作用和慢光特性，在 y 方向极化时透明峰频率 1.23 THz 处，群延时可达 1.49 ps，而在 x 方向极化时透明峰频率 1.22 THz 处，群延时可达 1.27 ps，验证了明-暗模式耦合的石墨烯 EIT 结构产生了类原子系统的 EIT 现象。

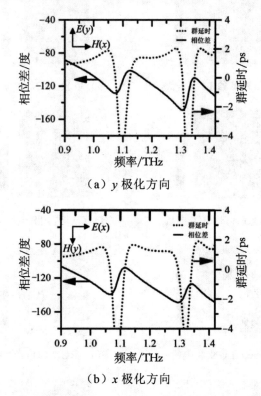

（a）y 极化方向

（b）x 极化方向

图 7-4　明-暗模式石墨烯超材料 EIT 结构传输相位差和群延时

7.2　电磁特性调节

本节重点讨论入射电磁波极化角和石墨烯费米能级变化对 EIT 现象的主动调节作用。由于本章所述的明-暗模式耦合的石墨烯 EIT 结构在 x 方向和 y 方向极化电磁波的作用下均可观测到 EIT 现象，而两个方向的 EIT 现象的参数，如频率、幅度和群延时稍有不同，因此有必要先来分析电磁波的极化角度对该结构电磁性能的影响。这里将电磁波的极化角度定义为电磁波的电场 E 与 $-x$ 轴的夹角（φ），如图 7-1（b）所示。图 7-5 为本章所述的明-暗模式耦合的石墨烯 EIT 结构的传输谱随夹角 φ 变化的曲线。

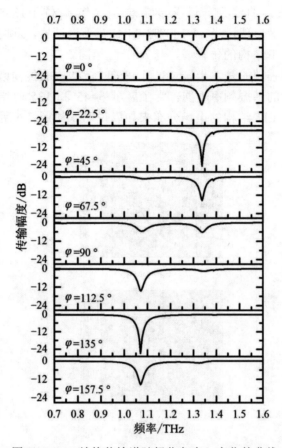

图 7-5　EIT 结构传输谱随极化角度 φ 变化的曲线

　　由图7-5可知，当 $\varphi=0°$ 时，传输谱即为 x 方向极化时的 EIT 结构的传输曲线，在 φ 由0°增加到90°的过程中，LGN 的谐振强度减弱，而 RGN 开始展现谐振且谐振强度逐渐增强。因此，当 φ 位于0°到45°附近的区间时，透明窗口逐渐消失，传输谷点Ⅱ的数值逐渐减小，而谷点 Ⅰ 的数值逐渐增加，当 $\varphi=45°$ 时，透明窗口完全消失，曲线表现为一谐振谱线。当 φ 位于45°到90°的区间时，透明窗口逐渐出现，当 $\varphi=90°$ 时，由于 LGN 不再谐振，此时的曲线即为 y 方向极化时的 EIT 结构的传输谱。在 φ 继续由90°增加到180°的过程中，RGN 的谐振强度开始减弱，而 LGN 开始展现谐振且谐振强度逐渐增强。因此，当 φ 位于90°到135°附近的区间时，透明窗口逐渐消失，谷点 Ⅰ 的数值逐渐减小，谷点Ⅱ的数值逐渐增加，当 $\varphi=135°$ 时，透明窗口完全消失，曲线为一谐振传输谱线。当 φ 位于135°到180°的区间时，透明窗口逐渐出现，当 φ=180°时，RGN 不再谐振，此时的曲线即为 x 方向极化时的 EIT 结构的传输谱，与 φ=0°时相同。

此外，需要强调的是，当 φ=45°和135°时，结构的传输谱均为一谐振特性曲线，但二者的谐振频率不同。为了展示 φ=45°和135°时结构的谐振状态特性，本节利用 EIT 结构的电场分布来加以说明，如图 7-6 所示。

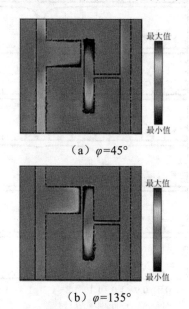

（a）φ=45°

（b）φ=135°

图 7-6　EIT 结构在极化角度 φ=45°和 135°时的电场分布图

由图 7-6 可以看到，当 φ=45°和135°时，LGN 和 RGN 均有较强的电场分布，说明二者均能与入射电磁波产生较强的作用，结构的传输特性是 LGN 和 RGN 耦合作用的结果，但图 7-6（a）和（b）中 LGN 和 RGN 临近端的电场分布不同，因此 φ=45°和135°时的谐振谱线不同。

为了进一步展示本章所述的明-暗模式耦合的 EIT 结构随石墨烯费米能级改变而表现出的 EIT 现象主动可调节性能，这里首先分析单独的 LGN 和 RGN 在相应极化方向电磁波作用下的谐振特性随费米能级变化的曲线，如图 7-7 所示。

由图 7-7 可以看出，随着石墨烯费米能级的增加，单独的 LGN 和 RGN 谐振单元在相应的极化方向上都展现出了谐振频率增加、谐振强度增大的特性。表 7-1 为单独 LGN 和 RGN 的谐振频率和谐振强度随石墨烯费米能级变化表。

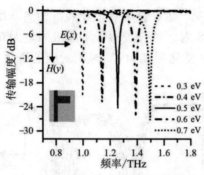

（a）单独的 LGN 在 x 方向极化

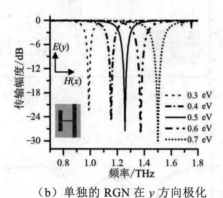

（b）单独的 RGN 在 y 方向极化

图 7-7　单独石墨烯谐振单元在相应极化方向上随费米能级变化的传输谱

表 7-1　单独 LGN 和 RGN 的谐振频率和谐振强度随石墨烯费米能级变化表

石墨烯	LGN（x 方向极化）		RGN（y 方向极化）	
费米能级(eV)	频率(THz)	幅度(dB)	频率(THz)	幅度(dB)
0.3	0.99	−20.91	0.99	−23.09
0.4	1.14	−23.09	1.15	−25.03
0.5	1.25	−24.43	1.25	−27.33
0.6	1.39	−26.55	1.37	−28.40
0.7	1.49	−27.33	1.50	−30.45

由于本章所述的明－暗模式耦合的石墨烯 EIT 结构中 LGN 和 RGN 谐振单元均连接各自的金属电极，因此明－暗模式石墨烯单元的费米能级可以通过单独改变两个栅电压进行调节，该结构具有较强的 EIT 现象调节能力。

首先，展示单独改变一组石墨烯费米能级，而另一组费米能级保持不变的 EIT 现象调节。图 7-8 为一组石墨烯费米能级固定为 0.5 eV，而另一组石墨烯费米能级由 0.46 eV 变化到 0.54 eV 时所对应的透明窗变化曲线。

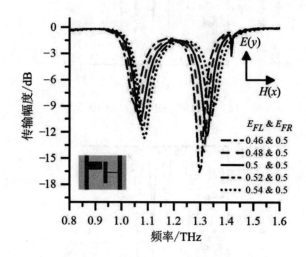

（a）E_{FR} 为 0.5 eV，E_{FL} 变化时 y 极化方向

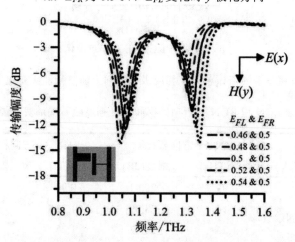

（b）E_{FR} 为 0.5 eV，E_{FL} 变化时 x 极化方向

图 7-8　调节一组混合石墨烯纳米带费米能级所对应的传输谱

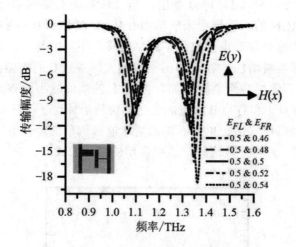

（c）E_{FL} 为 0.5 eV，E_{FR} 变化时 y 极化方向

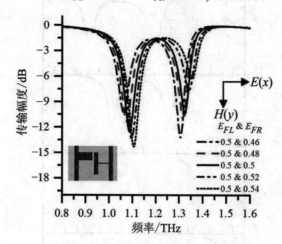

（d）E_{FL} 为 0.5 eV，E_{FR} 变化时 x 极化方向

图 7-8　调节一组混合石墨烯纳米带费米能级所对应的传输谱（续）

　　由图 7-8（a）和（b）可以看出，当RGN的石墨烯费米能级固定为 0.5 eV时，LGN的石墨烯费米能级由 0.46 eV增加到 0.54 eV的过程中，两个极化方向的透明窗口都出现了频率蓝移。值得一提的是，y 方向极化时，随着石墨烯费米能级增加，谷点 I 的幅值减小而谷点 II 的幅值增加；x 方向极化时，随着石墨烯费米能级增加，谷点 I 的幅值增加而谷点 II 的幅值减小。

由图 7-8（c）和（d）可以看出，当 LGN 的石墨烯费米能级固定为 0.5 eV 时，在 RGN 的石墨烯费米能级由 0.46 eV 增加到 0.54 eV 的过程中，两个极化方向的透明窗口也都出现了频率蓝移。不同的是，y 方向极化时，随着石墨烯费米能级增加，谷点 I 的幅值增大而谷点 II 的幅值减小；x 方向极化时，随着石墨烯费米能级增加，谷点 I 的幅值减小而谷点 II 的幅值增大。图 7-8 中谷点 I 和谷点 II 幅值的变化趋势恰恰体现了 EIT 结构是受明模式谐振单元还是暗模式谐振单元石墨烯费米能级调节的特性影响。图 7-9 展示了当 E_{FL} 和 E_{FR} 为同一数值时，透明窗口的变化曲线。

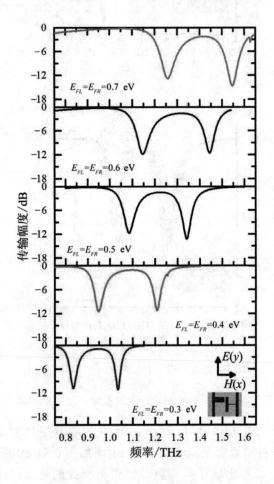

（a）y 极化方向

图 7-9　E_{FL} 和 E_{FR} 为相同调节值时所对应的传输谱

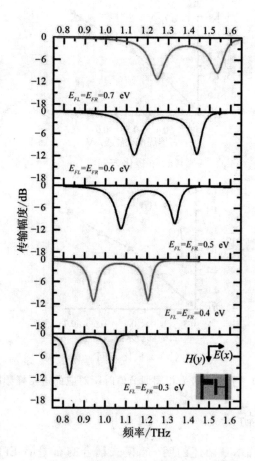

（b）x 极化方向

图 7-9 E_{FL} 和 E_{FR} 为相同调节值时所对应的传输谱（续）

由图 7-9 可以看出，在 E_{FL} 和 E_{FR} 同时由 0.3 eV 增加到 0.7 eV 的过程中，透明窗口整体出现了频率蓝移。图 7-10 为在 E_{FL} 和 E_{FR} 同时由 0.3 eV 增加到 0.7 eV 的过程中，透明峰频率的变化曲线图。

由图 7-10 可以看到，在 E_{FL} 和 E_{FR} 同时由 0.3 eV 增加到 0.7 eV 的过程中，y 方向极化时，透明峰频率由 0.95 THz 增加到 1.42 THz，频率调制深度为 33.093%，x 方向极化时，透明峰频率由 0.93 THz 增加到 1.39 THz，频率调制深度为 33.098%。

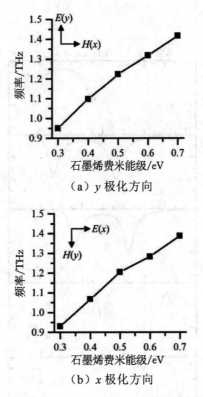

（a）y 极化方向

（b）x 极化方向

图 7-10　费米能级为相同调节值时所对应的透明峰频率

7.3 调节机理分析

　　为了进一步了解本章所述的明–暗模式耦合的石墨烯 EIT 结构的调节机理，本节以二粒子机械模型为基础，分析石墨烯费米能级变化过程中，EIT 模型中等效参数的变化情况。图 7-11 为两个石墨烯纳米带费米能级为相同调节值时所对应的传输谱（实线所示，曲线与图 7-9 一致）和拟合曲线（实心圆点连线所示）对比图。由图 7-11 可以看出，二粒子机械模型能够很好地描述本章所述 EIT 结构的传输特性，表 7-2 为仿真值和拟合值之间的均方根误差。由表 7-2 可以看出图 7-11 中仿真值与拟合值之间的拟合误差较小，拟合效果较好。图 7-12 为拟合过程中得到的耦合系统参数值，其中 κ 为耦合系数，γ_1 为 RGN 的阻尼系数，γ_2 为 LGN 的阻尼系数。由图 7-12 可以看出，在石墨烯费米能级由 0.3 eV 增加到 0.7 eV 的过程中，LGN 和 RGN 之间的耦合系数 κ 增加，说明透明峰窗口应变宽，而这符合图 7-9 的仿真结果。另外，y 方向极化时，$\gamma_1 \gg \gamma_2$，而 x 方向极化时，$\gamma_2 \gg \gamma_1$，符合明–暗模式耦合 EIT 系统的特点。而且，随着石墨烯费米能级的增加，明模式单元的阻尼系数明显增加，说明石墨烯费米能级的增加使得明模式谐振单元与入射电磁波相互作用增强，使得谐振频率增加、谐振子损耗增大，拟合结果符合图 7-7 和表 7-1 的计算结果。

表 7-2　图 7-11 中仿真值与拟合值之间的均方根误差

$E_{FL}=E_{FR}$ （eV）	均方根误差（dB）	
	（y 方向极化）	（x 方向极化）
0.3	0.166	0.237
0.4	0.102	0.173
0.5	0.398	0.461
0.6	0.136	0.161
0.7	0.111	0.129

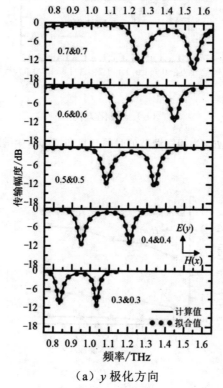

（a）y 极化方向

图 7-11　E_{FL} 和 E_{FR} 为相同调节值时的计算和拟合传输谱对比图

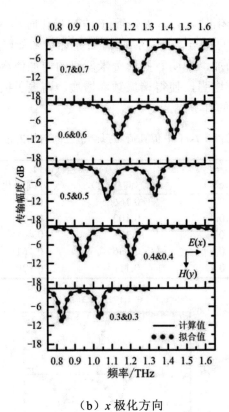

（b）x 极化方向

图 7-11　E_{FL} 和 E_{FR} 为相同调节值时的计算和拟合传输谱对比图（续）

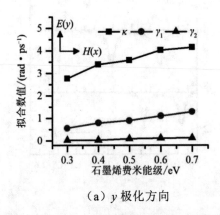

（a）y 极化方向

图 7-12　E_{FL} 和 E_{FR} 为相同调节值时的拟合参数值

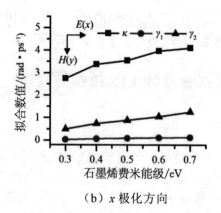

（b）x 极化方向

图 7-12　E_{FL} 和 E_{FR} 为相同调节值时的拟合参数值(续)

　　此外，还需要强调的是，表 7-2 显示当 $E_{FL}=E_{FR}=0.5$ eV 时，仿真值与拟合值之间的均方根误差相对于其他数值略大，因此图 7-12 所展示的 $E_{FL}=E_{FR}=0.5$ eV 时的拟合参数值相对于其他拟合参数值的拟合误差会略大，对图 7-12 中的曲线上升趋势的变化会有一定影响。

第8章 基于石墨烯的明-明-明模式耦合双峰 EIT 超材料

8.1 明-明-明模式耦合双峰 EIT 结构与机理

8.1.1 建立模型

本章基于三组石墨烯条形带，利用明-明-明耦合方式实现双峰 EIT 现象，同时为了增加该 EIT 现象的调节能力，二氧化钒层被嵌入到衬底之中，从而实现了 EIT 现象的电、温度双调节。通过调节三组谐振单元的距离和微调石墨烯条形带的尺寸以得到较好的耦合效果和透明窗口曲线。图 8-1 为本章所述的基于石墨烯的明-明-明模式耦合双峰 EIT 超材料结构示意图，该结构可在 THz 波段观测到双峰 EIT 现象。

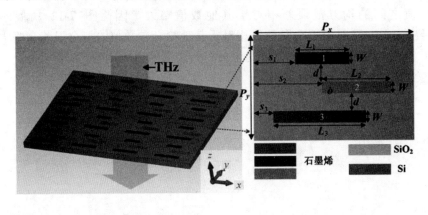

（a）3D 图　　　　　　　（b）单元结构图

图 8-1　明-明-明模式耦合双峰 EIT 超材料结构示意图

如图 8-1（a）所示，整个 EIT 结构为一周期结构，由 x 和 y 方向周期排列的单元组成，周期参数 P_x=28 μm，P_y=18 μm。周期结构被沉积在 $SiO_2/VO_2/Si$ 基板上，VO_2 被 SiO_2 层和 Si 基板夹在中间，$SiO_2/VO_2/Si$ 的厚度分别为 1 μm，10 nm 和 10 μm。如图 8-1（b）所示，点 o 为结构的中心，石墨烯带的宽度相同（W=2 μm），石墨烯带的长度分别为 L_1=9.5 μm，L_2=12 μm，L_3=16.2 μm。石墨烯带的纵向间距 d=3 μm，到单元格左侧的水平间距分别为 s_1=7.25 μm，s_2=12 μm，s_3=3.6 μm。

8.1.2 EIT 机理

为了展示本章所述的基于石墨烯的明–明–明模式耦合双峰 EIT 超材料的结构特性，我们首先对该结构 EIT 现象的形成机理进行分析。接下来，我们将分别对单独的条形带 1、条形带 2、条形带 3 和三者混合后 EIT 结构的传输特性进行分析。

本文利用基于 FDTD 算法的 CST Microwave Studio 软件进行数值仿真，仿真时 x 方向极化的入射电磁波垂直入射石墨烯表面，即图 8-1（b）中左右边界条件设置为电场，上下边界条件设置为磁场。SiO_2 和 Si 衬底的相对介电常数分别为 3.9 和 11.7，THz 波段石墨烯的相对介电常数可由式（6-4）和（6-5）得出，其中石墨烯费米能级 $E_{FL} = E_{FR} = 0.40$ eV，石墨烯的电子迁移率 $\mu = 10000$ cm$^2/(\text{V} \cdot \text{s})$，$T$=300 K。THz 波段 VO_2 的光学特性可以利用德鲁德模型（Drude model）进行建模

$$\varepsilon(\omega) = \varepsilon_\infty - \frac{\omega_p^2(\sigma)}{\omega^2 + i\gamma_{VO_2}\omega} \tag{8-1}$$

其中等离子频率 ω_p 可以表示为

$$\omega_p^2 = \frac{\sigma}{\sigma_0}\omega_p^2(\sigma_0) \tag{8-2}$$

这里 ε_∞ 和 γ_{VO_2} 分别为 12 和 5.75×10^{13} rad/s，$\sigma_0 = 3 \times 10^3$ Ω^{-1}cm^{-1}，$\omega_p(\sigma_0) = 1.4 \times 10^{15}$ rad/s。已有文献表明 VO_2 的相对电导率 σ 可以由 2×10^2 s/m 调节至 2×10^5 s/m[134,135]。这里，先将 VO_2 的电导率（σ）设置为 200 s/m，图 8-2 为单独谐振单元和 EIT 结构传输谱（数值仿真结果图）。

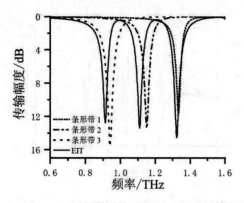

图 8-2　单独谐振单元和 EIT 结构传输谱

如图 8-2 所示，石墨烯条形带 1、条形带 2 和条形带 3 分别在 1.33 THz，1.15 THz 和 0.94 THz 处明显谐振，这表明三条带都是明－明模式谐振，当三个石墨烯带结合在一个单元格内时，典型的双峰 EIT 效应就会被诱导出来。

为了理解双峰 EIT 效应的近场耦合机制，图 8-3 显示了在峰值 I 和 II 频率处的电场分布。从图 8-3 中可以观察到，透射峰 I（0.99 THz）主要由条形带 2 和条形带 3 引发，而透射峰 II（1.21 THz）主要由条形带 1 和条形带 2 引发。与参考文献[109]和[132]类似，由明－明模式谐振激发的诱导透明窗口特性可归因于谐振器中电场分布的反相现象。

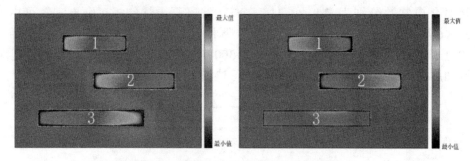

图 8-3　峰值 I 和 II 频率处的电场分布

为了验证该结构所具有的慢光特性，图 8-4 展示了该结构的垂直入射电磁波相位差和群延时特性曲线。由图 8-4 可以看出，当石墨烯的费米能级和 VO$_2$ 的电导率分别为 0.40 eV 和 200 s/m 时，电磁波入射该 EIT 超材料后出现了两个慢光区域，并且峰值 I 和 II 的群延迟分别为 2.55 ps 和 2.37 ps。

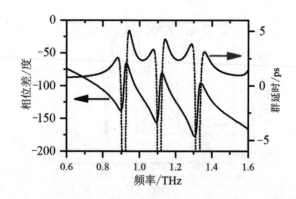

图 8-4　明－明模式耦合的石墨烯 EIT 结构传输相位差和群延时

8.2 电磁特性调节

本节重点讨论主动可调节特性，由于石墨烯的费米能级可随栅偏压进行动态调节，而石墨烯谐振单元的谐振特性受控于费米能级，所以表现出谐振频率、强度随费米能级变化而变化的特性。另外，由于相变材料 VO_2 被嵌入到衬底之中，所以 VO_2 的相对电导率受温度调控。因此，本章所述的基于石墨烯的明−明−明模式耦合的双峰 EIT 现象受石墨烯的费米能级和 VO_2 的电导率双重调控。

首先，研究石墨烯的费米能级对双峰 EIT 现象的调控，图 8-5 展示了当 VO_2 的电导率为 200 s/m 时，EIT 现象随着一个石墨烯带的费米能级变化的计算传输谱。如图 8-5（a）所示，当条形带 3 的费米能级（E_{F3}）从 0.40 eV 变化到 0.62 eV，同时条形带 1 和条形带 2 的费米能级（E_{F1} 和 E_{F2}）保持在 0.40 eV 不变时，透明窗口 I 的带宽和振幅明显减小，透明峰 I 的频率出现蓝移。特别是，当 E_{F3} 为 0.62 eV 时，透明窗口 I 最终消失，实现了双峰 EIT 窗口到单窗口 EIT 的主动调控。类似地，透明窗口 II 也可以有选择地调制，当 E_{F2} 和 E_{F3} 保持在 0.40 eV 不变，而 E_{F1} 从 0.40 eV 降至 0.27 eV 时，透明窗口 II 的带宽和振幅明显减小，透明峰 II 的频率显示出红移，当 E_{F1} 为 0.27 eV 时，透明窗口 II 最终消失，如图 8-5（b）所示。

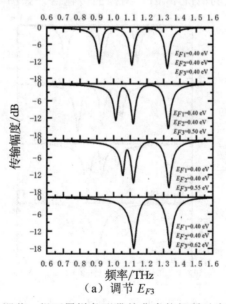

（a）调节 E_{F3}

图 8-5　调节一组石墨烯条形带的费米能级所对应的传输谱

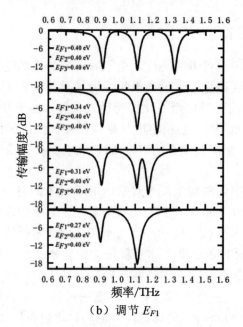

（b）调节 E_{F1}

图 8-5　调节一组石墨烯条形带的费米能级所对应的传输谱（续）

　　此外，双透明窗口可以同时被控制。图 8-6 展示了在同时改变两个石墨烯条形带的费米能级的情况下 EIT 结构的传输谱。如图 8-6 所示，E_{F2} 保持

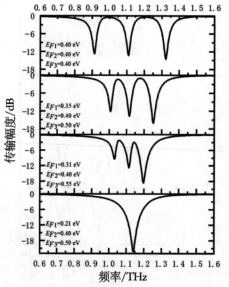

图 8-6　同时调节 E_{F1} 和 E_{F3} 所对应的传输谱

在0.40 eV，而E_{F3}和E_{F1}同时从0.40 eV调制到0.59 eV和0.21 eV，透明窗口I和II的带宽和振幅明显减小。同时，透明峰的频率分别表现出蓝移和红移。最后，双透明窗口都消失，传输谱表现为在1.14 THz的谐振曲线。图8-7展示了当三个石墨烯条形带的费米能级从0.30 eV变化到0.50 eV时，EIT结构的主动调制传输谱。显然，双透明窗口的位置明显出现蓝移。具体而言，透明峰I和II的频率分别从0.87 THz和1.06 THz增加到1.10 THz和1.35 THz。透明峰I和II的频率调制深度分别为21.1%和21.7%。因此，所提出的EIT结构对于选择性透明窗口的主动调制能力得到了验证。

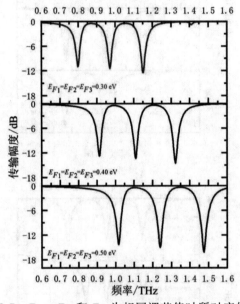

图 8-7　E_{F1}，E_{F2} 和 E_{F3} 为相同调节值时所对应的传输谱

8.3 调节机理分析

为了进一步了解本章所述的基于石墨烯明−明−明模式耦合双峰 EIT 结构的调节机理，本节以三粒子机械模型为基础，分析石墨烯费米能级变化过程中，EIT 模型中等效参数的变化情况。图 8-8 为调节一组石墨烯条形带的费米能级所对应的仿真传输谱（黑色实线所示，曲线与图 8-5 一致）与三粒子模型拟合曲线（实心圆点连线所示）的对比图。由图 8-8 可以看出，三粒子机械模型能够很好地描述本章所述 EIT 结构的传输特性。表 8-1 和表 8-2 分别为利用三粒子机械模型拟合图 8-8（a）和图 8-8（b）时模型的等效参

数：固有谐振频率（$\omega_1, \omega_2, \omega_3$）、阻尼系数（$\gamma_1, \gamma_2, \gamma_3$）和耦合强度（$\kappa_{12}$，$\kappa_{23}$）。

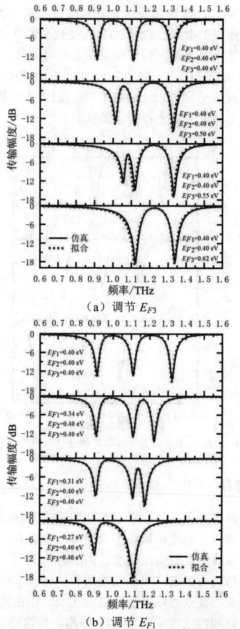

图 8-8　调节一组石墨烯条形带的费米能级所对应的仿真传输谱和拟合传输谱

从表 8-1 中可以明显观察到，随着 E_{F3} 的增加，角频率 ω_3 逐渐增加，这进一步使耦合系数 κ_{23}，γ_2 和 γ_3 明显变化，同时其他参数 ω_1，ω_2，κ_{12} 和 γ_1 也表现出轻微的变化。具体而言，耦合系数 κ_{23} 明显减小，γ_2 和 γ_3 明显增加。因此，透明窗口 I 的耦合效应逐渐减弱并最终消失。类似地，当 E_{F2} 和 E_{F3} 保持不变时，E_{F1} 从 0.40 eV 减小到 0.27 eV 时，ω_1，κ_{12}，γ_1 和 γ_2 明显变化，而其他参数略有变化，如表 8-2 所示。因此，上述提到的主动调制双透明窗口的选择性调制机制是通过改变费米能级来调制石墨烯条形带的固有谐振频率，从而调节耦合系数和损耗率，最终实现透明窗口耦合效应的调节。

表 8-1　仅调节 E_{F3} 时的等效参数

E_{F3} (eV)	ω_1 (THz)	ω_2 (THz)	ω_3 (THz)	κ_{12} (THz)	κ_{23} (THz)	γ_1 (THz)	γ_2 (THz)	γ_3 (THz)
0.40	1.307	1.106	0.948	0.350	0.371	0.053	0.065	0.076
0.50	1.310	1.109	1.044	0.350	0.289	0.053	0.066	0.078
0.55	1.312	1.111	1.093	0.349	0.162	0.059	0.085	0.101
0.62	1.313	1.113	1.130	0.348	0	0.076	0.197	0.239

表 8-2　仅调节 E_{F1} 时的等效参数

E_{F1} (eV)	ω_1 (THz)	ω_2 (THz)	ω_3 (THz)	κ_{12} (THz)	κ_{23} (THz)	γ_1 (THz)	γ_2 (THz)	γ_3 (THz)
0.40	1.307	1.106	0.948	0.350	0.371	0.053	0.065	0.076
0.34	1.214	1.103	0.946	0.220	0.371	0.071	0.066	0.076
0.31	1.164	1.101	0.943	0.150	0.371	0.088	0.068	0.077
0.27	1.081	1.082	0.936	0	0.369	0.207	0.148	0.096

如前文所述，本章所设计的 EIT 超材料除了利用石墨烯费米能级的变化调节 EIT 现象，还可以通过改变 VO_2 的相对电导率对 EIT 现象进行调节。图 8-9（a）显示了当三组石墨烯条形带的费米能级均为 0.4 eV 时，不同 VO_2 电导率情况下 EIT 结构的传输谱。如图 8-9（a）所示，双峰 EIT 窗口的振幅随着 VO_2 电导率的增加而减小，特别是当 σ 为 50000 s/m 时，双峰 EIT 窗口同时消失。图 8-9（b）显示了 VO_2 电导率变化时的拟合传输谱，拟合曲线与模拟曲线之间有着极好的一致性，表 8-3 为拟合的等效参数。如表 8-3 所示，三个明模式谐振器的阻尼率(γ_1，γ_2，γ_3)随着 σ 的增加而显著

增加，而谐振频率(ω_1，ω_2，ω_3)和耦合系数(κ_{12}，κ_{23})大致保持不变，这表明传输振幅的变化归因于 EIT 系统损耗的变化。为了进一步验证上述 EIT 现象的调控归因于系统损耗的变化，本文计算了不同 σ 值下混合超材料的吸收光谱。如图 8-10 所示，随着 σ 的增加，混合超材料在透射窗口 I 和 II 处的吸收逐渐增加，这与之前的分析是一致的。

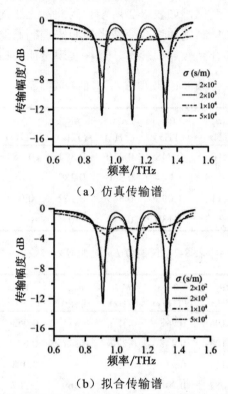

（a）仿真传输谱

（b）拟合传输谱

图 8-9　不同 VO$_2$ 电导率所对应的仿真传输谱和拟合传输谱

表 8-3　调节 VO$_2$ 电导率时的等效参数

σ (s/m)	ω_1 (THz)	ω_2 (THz)	ω_3 (THz)	κ_{12} (THz)	κ_{23} (THz)	γ_1 (THz)	γ_2 (THz)	γ_3 (THz)
2×10^2	1.307	1.106	0.948	0.350	0.371	0.053	0.065	0.076
2×10^3	1.309	1.108	0.950	0.351	0.370	0.068	0.091	0.103
1×10^4	1.335	1.132	0.965	0.352	0.370	0.113	0.185	0.201
5×10^4	1.338	1.135	0.971	0.350	0.371	0.255	0.295	0.334

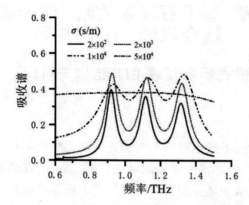

图 8-10　不同 VO_2 电导率所对应的 EIT 系统吸收谱

第 9 章 基于石墨烯的暗-明-暗模式 耦合双峰 EIT 超材料

9.1 暗-明-暗模式耦合双峰 EIT 结构与机理

9.1.1 建立模型

本章采用一条石墨烯条形带和两组基于石墨烯的不对称开口谐振环，利用暗-明-暗模式耦合方式实现了双峰 EIT 现象，石墨烯条形带作为明模式谐振器，两组开口谐振环分别作为不同固有谐振频率的暗模式谐振器。通过调节开口谐振环石墨烯的费米能级，该双峰 EIT 可以被调节为单透明窗口，甚至消失。图 9-1 为本章所述的基于石墨烯的暗-明-暗模式耦合双峰 EIT 超材料结构示意图，该结构可在 THz 波段观测到双峰 EIT 现象[136]。

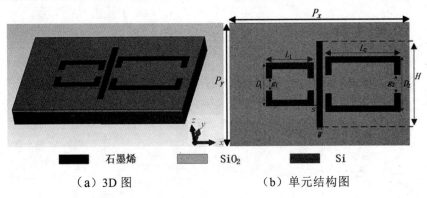

| ■ 石墨烯 | SiO₂ | Si |

（a）3D 图　　　　　　　（b）单元结构图

图 9-1　暗-明-暗模式耦合双峰 EIT 超材料结构示意图

整个 EIT 结构为一周期结构，单元结构如图 9-1（a）所示。单元格由三种图案组成，包括石墨烯带（graphene strip，GS）、双开口石墨烯谐振环 1（double-split graphene ring resonator 1，DSRR1）和双开口石墨烯谐振环 2（double-split graphene ring resonator 2，DSRR2），它们分别位于 SiO₂/Si 衬底上，厚度分别为 1 μm 和 10 μm。GS 位于单元格中心，两侧分别是 DSRR1 和 DSRR2。DSRR 和 GS 之间的水平距离相同（$s=1$ μm），单元格在 x 和 y 方向上的周期尺寸分别为 $P_x=60$ μm 和 $P_y=40$ μm。GS，DSRR1 和 DSRR2 的石墨烯图案宽度相同（$W=2$ μm），GS 的长度为 $H=24$ μm。DSRR1 和 DSRR2 的矩形的长度和宽度分别为 $L_1=16$ μm，

D_1=14 μm；L_2=25 μm，D_2=18 μm。此外，DSRR1 和 DSRR2 的间隙尺寸分别为 g_1=4 μm 和 g_2=6 μm，如图 9-1（b）所示。

9.1.2 EIT 机理

为了说明本章所提出的 EIT 超材料的耦合机理，本文利用基于 FDTD 算法的 CST Microwave Studio 软件进行数值仿真。首先，分析三个独立谐振器的传输谱。THz 波段石墨烯的相对介电常数可由式（6-4）和（6-5）得出，其中石墨烯的费米能级 $E_{FL} = E_{FR} = 0.40$ eV，石墨烯的电子迁移率 μ=10000 cm^2/(V·s)[136]，T=300 K。如图 9-2 所示，当石墨烯的费米能级为 0.40 eV，y 极化方向的平面电磁波沿着 z 轴垂直入射到超材料表面时，独立的 GS 直接被激发并在 0.69 THz 处共振，充当明模式谐振器，而独立的 DSRR1 和 DSRR2 在相同的入射电磁波下（该频段）不能被激发，均充当暗模式谐振器。而将三个独立谐振器组合成 EIT 结构后，传输谱中出现了两个明显的透明窗口，双透明窗口位于 0.57 THz（峰值 I）和 0.72 THz（峰值 II）处，对应的三个低谷分别位于 0.50 THz（低谷 I），0.65 THz（低谷 II）和 0.79 THz（低谷 III）处。

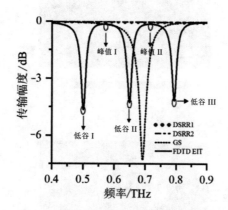

图 9-2　单独谐振单元和 EIT 结构传输谱

为了进一步揭示所提出的 EIT 现象的近场耦合机制，图 9-3 展示了在传输峰值和低谷处的电场分布。如图 9-3（a）所示，很明显，在传输峰值 I（0.57 THz）时，电场主要集中在 DSRR2 上，这验证了透明窗口 I 是由 GS 和 DSRR2 之间的近场耦合引起的。相反，如图 9-3（b）所示，在传输峰值 II（0.72 THz）时，电场主要集中在 DSRR1 上，这说明透明窗口 II 是由 GS

和 DSRR1 之间的近场耦合引起的。图 9-3（c）～（e）中显示的电场分布揭示了在传输低谷 I（0.50 THz）时激发了 GS 和 DSRR2，在传输低谷 III（0.79 THz）时激发了 GS 和 DSRR1，在传输低谷 II（0.65 THz）时所有共振器都被激发，这说明了系统的最大吸收机制。

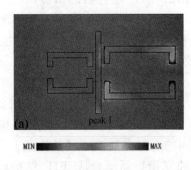

(a) 峰值 I

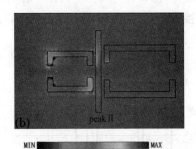

(b) 峰值 II

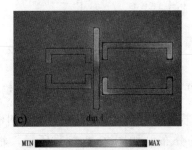

(c) 低谷 I

图 9-3　传输峰值和低谷处的电场分布

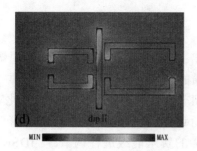

(d) 低谷 II

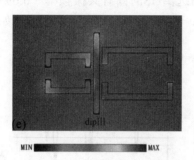

(e) 低谷 III

图 9-3　传输峰值和低谷处的电场分布（续）

图 9-4 显示了所提出的 EIT 结构的群时延。如图 9-4 所示，双透明窗口展示了双慢光区域，峰值 I 和 II 的群时延分别为 1.35 ps 和 1.61 ps。

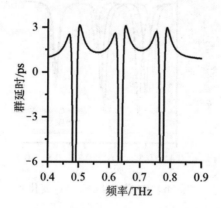

图 9-4　EIT 结构的群延时

9.2 电磁特性调节

由于本章所述的暗－明－暗模式谐振器皆由石墨烯构建，因此该 EIT 现象可以通过改变石墨烯的费米能级进行调节，本节重点讨论调节石墨烯费米能级所展示的主动可调节特性，系统结构参数的变化对 EIT 现象的影响此节不做讨论。为了展示所设计的EIT超材料中双透明窗口的主动调节特性，首先对独立谐振器石墨烯的费米能级进行调节。当DSRR1的费米能级（E_{F1}）从0.40 eV增加到0.60 eV，同时 GS 和 DSRR2 的费米能级（E_{F2}）固定在0.40 eV时，透明窗口II远离GS的固有共振频率（0.69 THz），与此同时，传输低谷II的幅度减小，传输低谷III的幅度增加，如图9-5（a）所示。类

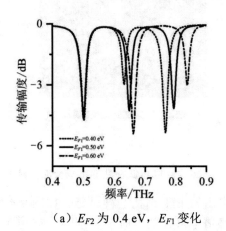

（a）E_{F2} 为 0.4 eV，E_{F1} 变化

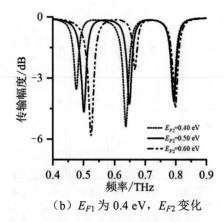

（b）E_{F1} 为 0.4 eV，E_{F2} 变化

图 9-5　单一石墨烯费米能级变化所对应的传输谱

似地，当 E_{F2} 从 0.40 eV 增加到 0.60 eV，同时 GS 和 E_{F1} 的费米能级固定在 0.40 eV 时，透明窗口 I 接近 GS 的固有共振频率（0.69 THz），与此同时，传输低谷 I 的幅度减小，传输低谷 II 的幅度增加，如图 9-5（b）所示。

根据上述分析，如果我们降低 E_{F1} 同时增加 E_{F2}，并将 GS 的费米能级固定在 0.40 eV，那么透明窗口 II 将出现红移，透明窗口 I 将出现蓝移，传输低谷 I 和 III 的幅度将减小，传输低谷 II 的幅度将增加。具体来说，当 E_{F1}=0.35 eV，E_{F2}=0.65 eV 时，所提出的 EIT 超材料的传输谱将呈现出单一透明窗口，如图 9-6（a）所示。传输峰值处的电场分布如图 9-6（b）所示。

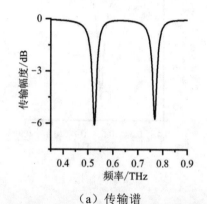

（a）传输谱

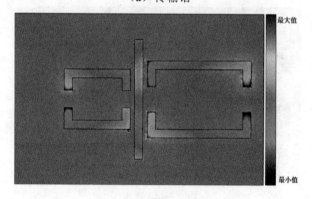

（b）电场分布图

图 9-6　E_{F1}=0.35 eV，E_{F2}=0.65 eV 时所对应的传输谱和电场分布图

很明显，电场主要集中在 DSRR1 上，DSRR2 充当暗模式谐振器。因此，单透明窗口和双透明窗口之间的变化是通过改变石墨烯的费米能级来使两个不对称 DSRR 的固有共振频率接近引起的。相反，如果我们增加 E_{F1} 同

时降低 E_{F2}，并将 GS 的费米能级固定在 0.40 eV，那么透明窗口 II 将出现蓝移，透明窗口 I 将出现红移，同时，传输低谷 I 和 III 的幅度增加，传输低谷 II 的幅度减小。具体来说，当 E_{F1}=0.80 eV，E_{F2}=0.20 eV 时，透明窗口将在 0.4 THz 到 0.9 THz 范围内消失，传输谱将呈现出典型的共振曲线，如图 9-7（a）所示。图 9-7（b）显示了共振频率处的电场分布。很明显，在 GS 中观察到了典型的偶极共振，电磁能量受阻无法传递到 DSRR1 和 DSRR2。

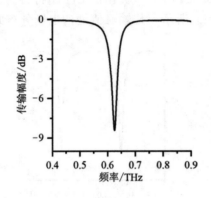

（a）传输谱

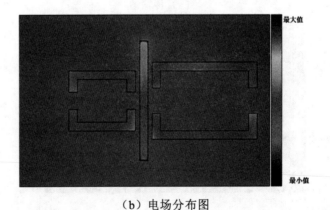

（b）电场分布图

图 9-7　E_{F1}=0.80 eV，E_{F2}=0.20 eV 时所对应的传输谱和电场分布图

9.3　调节机理分析

为了进一步验证本章所述的基于石墨烯暗−明−暗模式耦合双峰 EIT 结

构的调节机理，本节以三粒子机械模型为基础，分析石墨烯费米能级变化过程中，EIT 模型中等效参数的变化情况。这里 DSRR1 为粒子 3，GS 为粒子 2，DSRR2 为粒子 1，图 9-8 为 $E_{F1}=E_{F2}=0.20$ eV 时所对应的仿真传输谱（与图 9-2 实线所示一致）和拟合传输谱，图 9-9 为 $E_{F1}=0.35$ eV，$E_{F2}=0.65$ eV 时所对应的仿真传输谱（与图 9-6（a）所示一致）和拟合传输谱，图 9-10 为 $E_{F1}=0.80$ eV，$E_{F2}=0.20$ eV 时所对应的仿真传输谱（与图 9-7（a）所示一致）和拟合传输谱。由图 9-8～图 9-10 可以看出拟合传输谱和仿真传输谱基本一致，说明三粒子机械模型可以较好地分析暗−明−暗模式耦合 EIT 超材料。表 9-1 所示的是利用三粒子机械模型拟合时的等效参数。

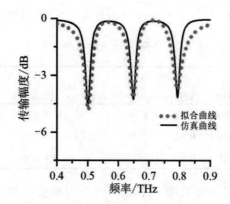

图 9-8　$E_{F1}= E_{F2}=0.20$ eV 时所对应的仿真传输谱和拟合传输谱

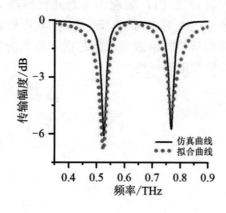

图 9-9　$E_{F1}=0.35$ eV，$E_{F2}=0.65$ eV 时所对应的仿真传输谱和拟合传输谱

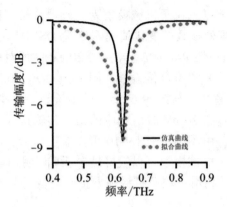

图 9-10　E_{F1}=0.80 eV，E_{F2}=0.20 eV 时所对应的仿真传输谱和拟合传输谱

表 9-1　不同传输谱的拟合参数值

	ω_1 (THz)	ω_2 (THz)	ω_3 (THz)	κ_{12} (rad/ps)	κ_{23} (rad/ps)	γ_1 (rad/ps)	γ_2 (rad/ps)	γ_3 (rad/ps)
图 9-2	0.61	0.69	0.72	1.98	2.14	0.035	0.802	0.051
图 9-6(a)	0.68	0.69	0.68	2.01	2.23	0.033	0.741	0.047
图 9-7(a)	0.31	0.69	0.92	0	0	0.050	1.010	0.067

　　从表 9-1 可以看出，将双峰 EIT 效应调节为单窗口效应是通过改变石墨烯的费米能级使两个不对称 DSRR 的固有共振频率与明模式谐振器 GS 的共振频率相近来实现的，这使得耦合系数（κ_{12}，κ_{23}）的增加和明模式谐振器的损耗（γ_2）减小。相反，将双峰 EIT 效应调节为共振曲线是因为两个不对称 DSRR 的固有共振频率都远离明模式谐振器 GS 的共振频率，从而阻碍了能量从明模式谐振器传输到暗模式谐振器，此时耦合系数为零。拟合结果与计算结果相符验证了分析模型的正确性。

第 10 章 基于金属–石墨烯混合 EIT 超材料

在前面的章节中，分别讨论了基于金属超材料的 EIT 结构、基于石墨烯超材料的明–明模式耦合的 EIT 结构和明–暗模式耦合的 EIT 结构，以及基于石墨烯的明–明–明模式耦合和暗–明–暗模式耦合 EIT 超材料。接下来，本章将讨论一种基于金属和石墨烯混合的 EIT 结构。

近年来，EIT 超材料的研究出现了采用金属和石墨烯混合结构来实现 EIT 现象的调节[137-140]的情况。目前主要有两类设计方法：一类是 He 等人设计的金属–石墨烯混合 EIT 结构[136]，该类 EIT 结构中，金属和石墨烯分别作为两个独立的谐振单元。由于石墨烯谐振单元的引入，使得该结构具备了主动可调节的性能，但由于金属谐振单元不具备主动可调节特性，使得该设计方法的调节能力有限。另一类方法是 Xiao 等人[137,138]设计的金属–石墨烯混合 EIT 结构，该类 EIT 结构中，金属作为明、暗模式谐振单元，而石墨烯则作为介质层。文献[137]是将石墨烯放置于暗模式谐振单元和衬底之间，文献[138]是将石墨烯直接铺于金属结构的上方，该类混合 EIT 结构的可调节性能是由于石墨烯费米能级改变后影响了暗模式谐振单元的损耗导致明–暗谐振单元间的能量传递受阻，从而实现了透明峰幅度的调节。但由于该类方法中石墨烯直接放置于金属谐振单元的下方或上方，这对该类混合 EIT 结构的实际加工和保证石墨烯平整度等方面带来了挑战。因此，本章结合已有金属 EIT 结构设计[139]和石墨烯电磁参数的调节特性，提出了一种改进的金属和石墨烯混合 EIT 结构设计方案。该金属和石墨烯混合 EIT 结构采用金属作为明–暗模式谐振单元，金属谐振单元位于硅衬底上，薄硅层通过化学气相淀积的方法置于金属谐振单元之上，之后石墨烯层再通过热转移法转移到平整的硅薄层上。相对于 Xiao 等人的设计，该方案可以降低加工难度并保证石墨烯的平整度，从而确保所生成的 EIT 现象准确。通过调节石墨烯的费米能级，该结构可以实现透明峰幅度的主动可调节性。

10.1 金属和石墨烯混合 EIT 结构与机理

10.1.1 建立模型

图10-1为本章所述的金属和石墨烯混合 EIT 结构示意图，该结构在 THz 波段可产生 EIT 现象[117]。整个 EIT 结构为一周期结构，如图10-1（a）所示。该结构由 x 和 y 方向周期排列的单元组成，周期值 P_x=16 μm，

P_y=22 μm。每一个单元包含一 U 形开口谐振环和一对平行的条形金属带谐振结构，U 形开口谐振环位于平行条形金属带中间，如图10-1（b）所示。该金属谐振结构位于硅衬底上，如图10-1（c）所示。

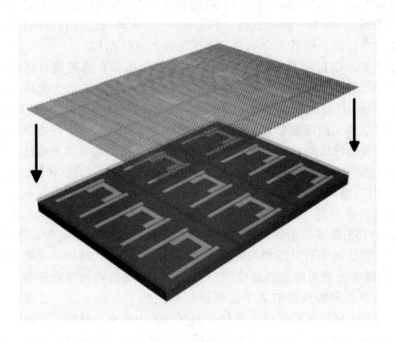

（a）整体效果图

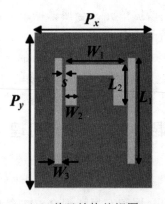

（b）单元结构俯视图

图 10-1　金属和石墨烯混合 EIT 结构示意图

（c）单元结构侧视图

图 10-1　金属和石墨烯混合 EIT 结构示意图（续）

在谐振结构中，U 形开口谐振环为明模式谐振单元，而一对平行的条形金属带为暗模式谐振单元。因此，本章所述的超材料 EIT 现象是由明−暗模式耦合机理产生的。

U 形开口谐振环的尺寸为 $W_1 = 8$ μm，$W_2 = 1.5$ μm，$L_2 = 5.75$ μm；一对平行的条形金属带的尺寸为 $L_1 = 15$ μm，$W_3 = 1$ μm；U 形开口谐振环与条形金属带之间的距离 s=0.5 μm。金属材料为铝，厚度为 0.2 μm，THz 波段金属铝的电磁特性可由德鲁德模型描述[117]，如式（10-1）所示

$$\varepsilon_{Al} = 1 - \frac{\omega_p^2}{\omega^2 + i\omega\gamma}$$

（10-1）

其中：等离子体频率 ω_p=2.24×10^{16} rad/s；阻尼常数 γ=1.22×10^{14} rad/s；ω 为入射电磁波的角频率。硅薄层和硅衬底的厚度分别为 1 μm 和 3 μm。

10.1.2 EIT 机理

为了展示本章所述的金属和石墨烯混合结构的 EIT 现象的调节特性，首先对该结构的 EIT 现象形成机理进行分析，即分别对单独的 SRR 结构、单独的 CWs 结构和二者混合后 EIT 结构的传输特性进行分析。

本文利用基于 FDTD 算法的 CST Microwave Studio 软件进行数值仿真，仿真时入射电磁波垂直入射结构表面，极化方向为 x 方向，即仿真时图 10-1（b）中左右边界条件设置为电场，而上下边界条件设置为磁场。薄 Si 层和 Si 衬底的相对介电常数为 11.7。THz 波段石墨烯的相对介电常数可由式（6-4）和（6-5）得出，其中石墨烯的费米能级 E_F=0.1　eV，

$\mu=3\ 000\ \mathrm{cm^2/(V\cdot s)}$[137]，$T$=300 K。图 10-2 为数值仿真结果图。

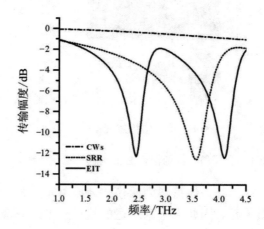

图 10-2　单独谐振单元和混合 EIT 结构的传输谱

从图10-2可以看出，单独的SRR在x方向极化的电磁波作用下，谐振于 3.56 THz，即明谐振模式，而CWs在此极化方向的电磁波作用下则表现出非谐振状态，即为暗模式。将二者组合后即得到本章所述的混合EIT结构，该结构在相同极化方式电磁波作用下呈现出类原子系统的EIT现象，透明峰频率为2.89 THz，位于传输谷点Ⅰ（2.44 THz）和谷点Ⅱ（4.09 THz）之间。为了进一步描述该EIT结构的电磁能量传输机理，单独的SRR和单独的CWs在 3.56 THz频率处的电场分布以及EIT结构在2.89 THz频率处的电场和磁场分布如图10-3所示。

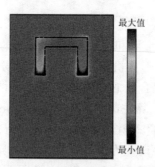

（a）单独 SRR 电场分布

图 10-3　单独谐振单元和混合 EIT 结构在 x 极化方向的电场强度与磁场强度分布

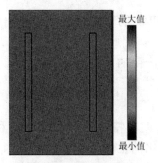

（b）单独 CWs 电场分布

（c）EIT 结构电场分布

（d）EIT 结构磁场强度

图 10-3　单独谐振单元和混合 EIT 结构在 x 极化方向的电场强度与磁场强度分布（续）

　　由图 10-3（a）可以看出，当入射电磁波为 x 方向极化时，单独的 SRR 在 3.56 THz 频率处呈现出电感–电容谐振（LC 谐振），强电场集中在 U 形金属带两侧的底端，且极性相反；而在同样极化方式的电磁波作用下，CWs 在 3.56 THz 频率处无明显强电场存在，证明其处于暗谐振状态，如图 10-3（b）所示。当将二者组合成 EIT 结构后，CWs 由于受到 SRR 的激发，上下两端呈现强电场，体现出四极子谐振状态，而 SRR 的电场被抑制，如

图 10-3（c）所示，而 CWs 的磁场分布则显示出电磁能量由 SRR 传递至 CWs，如图 10-3（d）所示。因此，该结构的 EIT 现象是由 SRR 和 CWs 之间的电场和磁场耦合作用产生的。

10.2 电磁特性调节

本节重点讨论主动可调节特性，即探讨金属和石墨烯混合结构的 EIT 现象随石墨烯费米能级变化的主动可调节性能。为了更好地理解金属和石墨烯混合 EIT 结构的可调节特性，本节首先分析单独的 SRR 在 x 方向极化的电磁波作用下谐振特性随石墨烯费米能级变化的曲线，如图 10-4 所示。

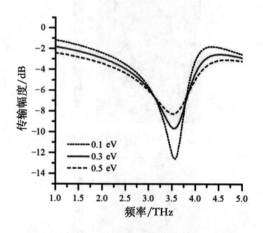

图 10-4 单独 SRR 的传输谱随石墨烯费米能级变化的曲线

由图 10-4 可以看出，充当介质层作用的石墨烯在费米能级增加过程中，单独的 SRR 谐振曲线频率变化较小，而谐振强度却明显减弱，表 10-1 为单独 SRR 谐振特性随石墨烯费米能级变化的数值表。

表 10-1 单独 SRR 的谐振频率和谐振强度随石墨烯费米能级变化表

石墨烯费米能级(eV)	频率(THz)	幅度(dB)
0.1	3.56	-12.76
0.3	3.54	-9.63
0.5	3.52	-8.17

　　由单独 SRR 谐振特性随石墨烯费米能级变化所展示出的可调节性质，我们可以进一步分析本章所述的金属和石墨烯混合结构 EIT 现象的可调节性能，如图 10-5 所示。由图 10-5 可以看出，随着石墨烯费米能级的增加，传输谱呈现出 EIT 现象的减弱趋势，透明峰频率变化较小，但透明峰的幅度明显减小，而谷点 I 和谷点 II 的幅值增加。当石墨烯的费米能级由 0.1 eV 增加到 0.5 eV 的过程中，透明峰幅度由−1.83 dB 减小到−3.74 dB，幅度调制深度为 18.3%。因此，本章所述的金属和石墨烯混合 EIT 结构可以实现透明峰频率基本不变而透明峰幅度主动可调节特性，这一特性是目前基于明−暗模式耦合的金属 EIT 结构和明−暗模式耦合的石墨烯 EIT 结构没有被报道的。

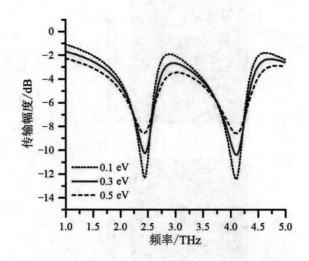

图 10-5　金属和石墨烯混合 EIT 结构随石墨烯费米能级变化的传输谱

　　为了进一步描述石墨烯费米能级变化对该 EIT 结构能量传递的影响，图 10-6 展示了石墨烯费米能级变化过程中透明峰频率处 EIT 结构的电场分布。

　　由图 10-6 可以看出，当石墨烯的费米能级由 0.1 eV 增加到 0.5 eV 的过程中，CWs 依然受到 SRR 的激发，SRR 的电场仍然处于抑制状态，所不同的是，由于石墨烯费米能级增加的过程中，SRR 的固有谐振强度减弱，导致 CWs 单元受激发，从而使所传递的能量展现出电场强度减弱的现象。

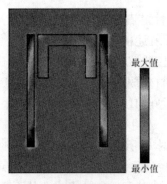

（a）0.1 eV

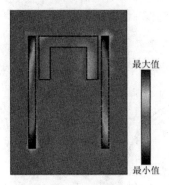

（b）0.3 eV

（c）0.5 eV

图 10-6　不同石墨烯费米能级对应的 EIT 结构电场分布图

　　图 10-7 展示了石墨烯费米能级变化过程中，混合 EIT 结构的慢光特性曲线。由图 10-7 可以看出，当石墨烯的费米能级由 0.1 eV 增加到 0.5 eV 的

过程中，混合 EIT 结构的慢光特性也相应减弱，透明峰频率 2.89 THz 处的群延时由 0.50 ps 减小到 0.19 ps。

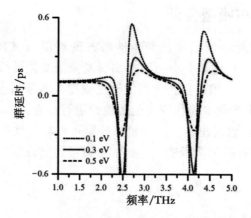

图 10-7　不同石墨烯费米能级对应的 EIT 结构的群延时曲线

为了进一步说明石墨烯费米能级增加过程中，混合 EIT 结构的电磁性能变化程度，这里利用混合 EIT 结构的吸收谱来分析，如图 10-8 所示。

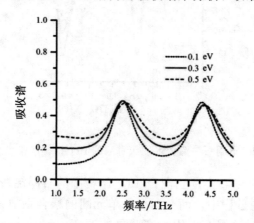

图 10-8　不同石墨烯费米能级对应的 EIT 结构的吸收谱

这里，吸收谱可由 $1-T^2-R^2$ 计算得出，T 为 EIT 结构的传输系数，R 为 EIT 结构的反射系数。由图 10-8 可以看出，随着石墨烯费米能级的增加，EIT 结构对入射电磁波尤其是透明峰频率附近的吸收增大，这说明混合 EIT 系统的损耗随着石墨烯费米能级的增加而增大。

10.3 调节机理分析

10.3.1 二粒子机械模型分析

为了进一步定量分析石墨烯费米能级改变对混合 EIT 结构性能的影响，本节利用二粒子机械模型分析石墨烯费米能级变化过程中，两个谐振子的谐振参数和二者之间相互耦合作用的改变程度。本节对图 10-5 所示的混合 EIT 结构随石墨烯费米能级变化的传输谱进行拟合，拟合结果如图 10-9 所示。由图 10-9 可以看出，二粒子机械模型可以较好地拟合该金属和石墨烯混合 EIT 结构随石墨烯费米能级变化的电磁波传输过程。图 10-10 为拟合参数数值。

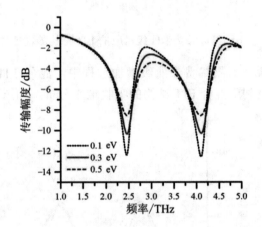

图 10-9　不同石墨烯费米能级对应的 EIT 结构的拟合传输谱

由图 10-10 可以看出，当混合 EIT 结构中的石墨烯费米能级由 0.1 eV 增加到 0.5 eV 的过程中，两个谐振子单元间的耦合系数 κ 几乎保持不变，这说明二者间的近场耦合作用没有明显的改变，这一点同样可以根据透明峰、谷点 I 和谷点 II 的频率变化并利用公式（5-2）推导出来。而在石墨烯费米能级增加的过程中，阻尼系数 γ_1 和 γ_2 都有不同程度的增加，这说明随着作为介质层的石墨烯费米能级的增加，使得金属谐振单元外部的电磁环境发生改变，谐振子单元的阻尼率增加，而阻尼率的增加势必会引起谐振单元的损耗增加。这也进一步验证了图 10-8 中混合 EIT 结构随着石墨烯费米能级增加时系统对入射电磁波吸收增加的特性。由此可以得出结论，本章所述的混合 EIT 结构随着石墨烯费米能级改变具有透明峰幅度可调节的性质，主要是由于随着作为介质层的石墨烯费米能级的增加，使得金属明模式谐振单元和暗模式谐振单元的阻尼系数增大，混合 EIT 系统对入射电磁波的吸收增加导致传输透射的减少。

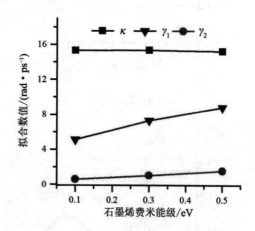

图 10-10　不同石墨烯费米能级的拟合数值

10.3.2　有效电磁参数分析

本小节将根据有效媒质理论，分析石墨烯费米能级的改变对混合 EIT 结构的有效电磁参数的影响，这里重点分析混合 EIT 结构的有效介电常数和有效磁导率随石墨烯费米能级变化的曲线。为了得到该结构的有效介电常数和有效磁导率，首先需要得到该混合 EIT 结构的复 S 参数，即复 S_{21} 和 S_{11} 参数。图 10-11 即为 S_{21} 和 S_{11} 的实部和虚部随石墨烯费米能级变化的曲线。

在得到复 S 参数后，运用基于克莱默–克朗尼格关系的改进型散射参数反演算法[118]，即得到本章所述的混合 EIT 结构的有效入射波阻抗 z 和折射率 n，如图 10-12 所示。

由图 10-12 可以看出，混合 EIT 结构的有效入射波阻抗 z 和折射率 n 均受石墨烯费米能级数值的影响，而且满足阻抗 z 的实部和折射率 n 的虚部应大于零的要求。由式（3-40）和（3-41）可以进一步求得该 EIT 结构的有效介电常数和有效磁导率，如图 10-13 所示。

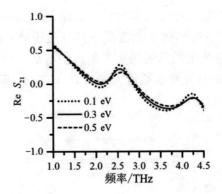

（a）S_{21}实部

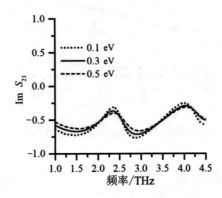

（b）S_{21}虚部

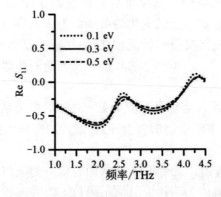

（c）S_{11}实部

图 10-11　不同石墨烯费米能级对应的混合 EIT 结构的复 S 参数

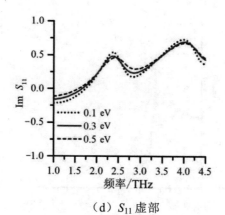

（d）S_{11} 虚部

图 10-11　不同石墨烯费米能级对应的混合 EIT 结构的复 S 参数（续）

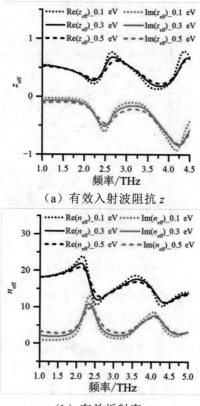

（a）有效入射波阻抗 z

（b）有效折射率 n

图 10-12　不同石墨烯费米能级对应的混合 EIT 结构的有效阻抗 z 和折射率 n

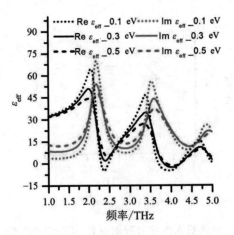

（a）有效介电常数 ε_{eff}

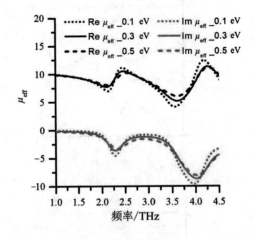

（b）有效磁导率 μ_{eff}

图 10-13 不同石墨烯费米能级对应的混合 EIT 结构的有效介电常数 ε_{eff} 和
有效磁导率 μ_{eff}

由图 10-13 可以看出，混合 EIT 结构的有效介电常数和有效磁导率随着石墨烯费米能级的变化而变化，即改变石墨烯的费米能级对该混合结构的有效介电常数和有效磁导率具有调节作用，从而实现了对 EIT 现象的调节作用。由于本章所述的 EIT 现象是由金属明−暗模式谐振单元间的电场和磁场耦合作用产生的，所以有效介电常数的虚部（Im ε_{eff}）和有效磁导率的虚部

（Im μ_{eff}）可以表征混合结构的损耗，而由图 10-13 可以看出，当石墨烯的费米能级由 0.1 eV 增加到 0.5 eV 的过程中，透明峰附近 Im ε_{eff} 和 Im μ_{eff} 的数值增大，说明混合结构的损耗随着石墨烯费米能级的增加而增大，该分析结果符合图 10-8 所展示的混合 EIT 结构的吸收谱随石墨烯费米能级变化的曲线。

第11章 基于金属−VO₂混合EIT超材料

在前文所讨论的 EIT 超材料的方案中，明、暗模式的谐振单元都是基于电谐振或磁谐振，而近年来基于超材料的环形偶极共振受到了科研人员的广泛关注。

环形谐振是除基本的电场和磁场共振之外的第三种谐振现象，最早由 Zel'dovich 在 1957 年提出[141]。环形偶极共振是环形谐振现象中的一种谐振形式，它可以通过磁偶极子的头对尾排列来诱导实现。该谐振现象展现出许多奇特的电磁特性，如更高的 Q 因子[142]。然而，由于其电磁散射功率通常较电和磁偶极子共振弱，使得自然材料中的环形谐振的应用面临检测限制的困难[143]。2010 年，科研人员首次在超材料结构中实现了环形偶极共振强度的增强，并在实验中检测到了环形偶极共振现象[144]。至此，基于超材料的环形偶极谐振引起了极大的关注，并被认为为环形共振现象的应用开辟了一条新的途径。

然而，目前对环形偶极共振超材料的研究主要集中在实现共振现象上，而对于其应用方面的研究成果却相对较少，特别是在实现主动可调节 EIT 现象方面的研究鲜有报道。

本章我们提出了一种由金属和VO₂所组成的EIT超材料，该 EIT 现象是利用电偶极谐振和环形偶极共振之间的明−暗模式耦合作用实现的。由于VO₂的引入使得所得到的EIT现象具有主动可调节特性。

11.1 金属和 VO₂ 混合 EIT 结构与机理

11.1.1 建立模型

图 11-1 为本章所述的金属和 VO₂ 混合 EIT 结构示意图，该结构在 THz波段可产生 EIT 现象。整个 EIT 结构为一周期结构，如图 11-1（a）所示。该结构由 x 和 y 方向周期排列的单元组成，周期值 P_x=180 μm，P_y=120 μm。每一个单元包含一由金属和VO₂所组成的混合开口谐振环（hybrid split ring resonator，HSRR）和一对水平金属导线（horizontal metal wires，HWs），均制作在 SiO₂ 衬底上。位于单元格中心的 HSRR 由两个基于铝（Al）的半圆环和两根垂直的VO₂导线组成，在 HSRR 的两侧，一对 HWs 被交替排列，如图11-1（b）所示。

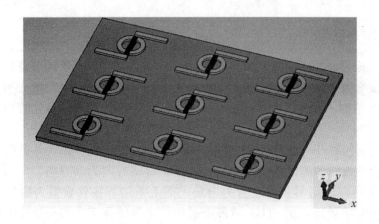

（a）整体效果图

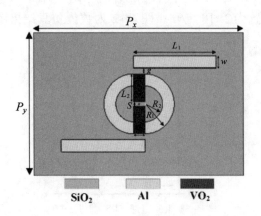

（b）单元结构俯视图

图 11-1　金属和 VO₂ 混合 EIT 结构示意图

在谐振结构中，HWs 为明模式谐振单元，而 HSRR 为暗模式谐振单元。因此，本章所述的超材料 EIT 现象是由明–暗模式耦合机理产生的。HWs 的长度 $L_1 = 71.3$ μm，宽度 $w = 10$ μm。垂直 VO₂ 条带的长度和宽度分别为 $L_2 = 23$ μm 和 $w = 10$ μm。圆环的内半径和外半径分别表示为 R_2 和 R_1，其数值分别为 15 μm 和 25 μm。两个垂直 VO₂ 条带之间的间隙距离用 s 表示，设置为 2 μm，而 HWs 和 HSRR 之间的距离表示为 $g=5$ μm。铝条、VO₂ 层和衬底的厚度分别保持在 5 μm，5 μm 和 10 μm。

11.1.2 EIT 机理

为了展示本章所述的金属和 VO$_2$ 混合结构的 EIT 现象调节特性，我们首先对该结构的 EIT 现象形成机理进行分析。接下来，我们将分别对单独的 HSRR 结构、单独的 HWs 结构和二者混合后 EIT 结构的传输特性进行分析。

本文利用基于 FDTD 算法的 CST Microwave Studio 软件进行数值仿真，仿真时入射电磁波垂直入射结构表面，极化方向为 x 方向，即仿真时图 11-1（b）中左右边界条件设置为电场，而上下边界条件设置为磁场。SiO$_2$ 的相对介电常数为 3.9。THz 波段金属铝的电磁特性可由德鲁德模型描述，如式（10-1）所示。THz 波段 VO$_2$ 的光学特性可以利用德鲁德模型进行建模，如式（8-1）和（8-2）所示，SiO$_2$ 的相对介电常数为 3.9，这里先将 VO$_2$ 的电导率设置为 2×10^5 s/m。图 11-2 为数值仿真结果图。

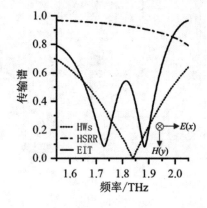

图 11-2 单独谐振单元和混合 EIT 结构的传输谱

从图 11-2 可以看出，单独的 HWs 在 1.84 THz 处表现出谐振，起到明模式谐振器的作用，而单独的 HSRR 对入射电磁波未产生响应，起到暗模式谐振器的作用。当将 HSRR 和 HWs 集成在一起时，传输谱中出现了一个明显的透明窗口，其中透明峰位于 1.81 THz 附近，传输谷点 I 位于 1.73 THz、谷点 II 位于 1.88 THz。为了验证 HWs 和 HSRR 近场耦合的 EIT 现象为电偶极谐振和环形偶极共振所产生，首先对单独的 HSRR 进行模拟分析。图 11-3 显示了当 VO$_2$ 的电导率设置为 2×10^5 s/m，y 方向极化的电磁波沿着 z 方向入射到超材料时，单独的 HSRR 的传输谱。如图 11-3 所示，单独的 HSRR 在 1.82 THz 频率处呈现共振现象。图 11-4 为 HSRR 在 1.82 THz 频率处的场强分布。

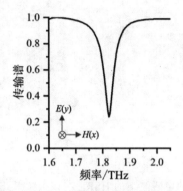

图 11-3　σ 为 2×10^5 s/m 时，y 方向极化的电磁波下的 HSRR 的传输谱

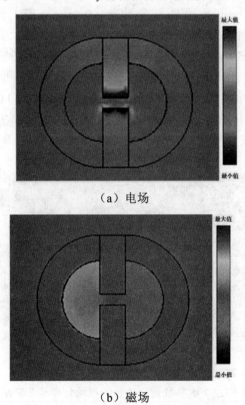

（a）电场

（b）磁场

图 11-4　y 方向极化的电磁波下的 HSRR 在谐振频率处的场强分布

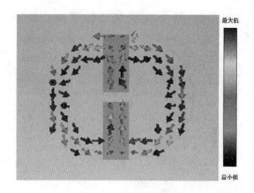

（c）电流密度

图 11-4　y 方向极化的电磁波下的 HSRR 在谐振频率处的场强分布（续）

　　从图 11-4（a）～（c）可以明显看出，电场分布产生了两个反向旋转的环形电流，导致头对尾的排列产生磁偶极子，这正符合上文所述的环形偶极共振的诱导方式，这些观察结果与环形偶极谐振相关的特征一致，验证了当前电磁波作用下的 HSRR 可以激发环形偶极共振现象。而当电磁波极化方向变为 x 方向时，单独的 HSRR 表现为非谐振状态。图 11-5 显示了当 VO$_2$ 的电导率设置为 $2{\times}10^5$ s/m，x 方向极化的电磁波沿着 z 方向入射到超材料时，EIT 结构所激发透明峰频率处的场强分布。

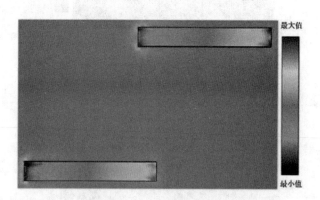

（a）单独 CWs 电场分布

图 11-5　x 极化方向电磁波下的单独谐振单元的电场分布和 EIT 结构的电场、磁场和面电流分布

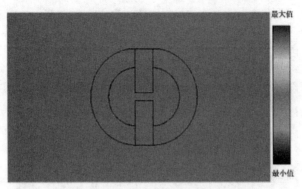

（b）单独 SRR 电场分布

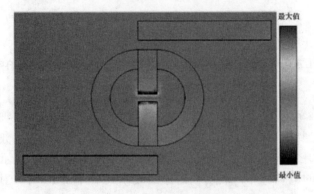

（c）EIT 结构电场分布

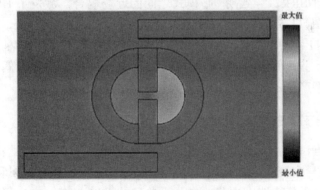

（d）EIT 结构磁场分布

图 11-5　x 极化方向电磁波下的单独谐振单元的电场分布和 EIT 结构的电场、磁场和面电流分布（续）

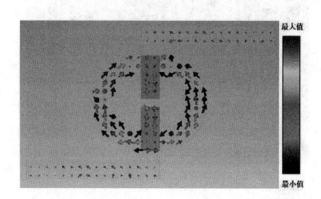

（e）EIT 结构的面电流分布

图 11-5　x 极化方向电磁波下的单独谐振单元的电场分布和 EIT 结构的电场、磁场和面电流分布（续）

　　由图 11-5 可以看出，在当前电磁波模式下，单独的 HWs 被入射波强烈激发，电场主要集中在 HWs 的末端，这一现象证实了 HWs 典型的电偶极共振行为，如图 11-5（a）所示。相比之下，图 11-5（b）显示在透明峰处单独 HSRR 的电场分布，表明当前电磁波模式下 HSRR 对入射波无响应。当 HSRR 和 HWs 合并在一起时，如图 11-5（c）所示，大量电磁能量从 HWs 传递到 HSRR，导致明−暗模式之间的近场耦合，激发了 HSRR 的环形偶极共振。图 11-5（c）～（e）进一步证实了 HSRR 的电场、磁场和电流场分布与图 11-4 相一致，符合环形偶极谐振的特征。由于 HWs 产生的电偶极共振减弱，说明所述的 EIT 效应是由于电偶极共振和环形偶极谐振之间的破坏性干涉产生的。

11.2　电磁特性调节

　　本节重点讨论主动可调节特性，即探讨金属和 VO$_2$ 混合结构的 EIT 现象随 VO$_2$ 电导率变化的主动可调节性能。为了更好地理解金属和 VO$_2$ 混合 EIT 结构的可调节特性，本节首先分析单独的 HSRR 在 y 方向极化的电磁波作用下谐振特性随 VO$_2$ 电导率变化的曲线，如图 11-6 所示。

　　如前文所述，当 VO$_2$ 的电导率 σ 设置为 2×10^5 s/m 时，单独的 HSRR 在 1.82 THz 频率处呈现共振现象。如图 11-6 所示，当 σ 值减小时，出现了谐振强度减弱、谐振频率减小的现象。尤其是当 σ 为 200 s/m 时，谐振现象减弱直至最终消失。这里，单独 HSRR 的谐振频率变化可以根据开口谐振环的谐振频率表达式进行解释，即[145]

$$f = \frac{1}{2\pi}(\frac{1}{LC} - \frac{R^2}{4L^2})^{\frac{1}{2}}$$ （11-1）

当 VO$_2$ 的电导率 σ 降低时，导致有效电阻 R 增加，进而导致谐振频率 f 降低，其中 L 和 C 分别代表有效电感和电容。

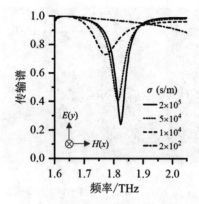

图 11-6　y 方向极化的电磁波下的 HSRR 的传输谱随 VO$_2$ 的电导率变化的曲线

由单独的 HSRR 谐振特性随 VO$_2$ 的电导率 σ 变化所展示出的可调节性质，我们可以进一步分析本章所述的金属和 VO$_2$ 混合结构 EIT 现象的可调节性能，如图 11-7 所示。

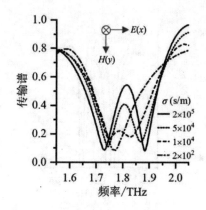

图 11-7　混合 EIT 结构的传输谱随 VO$_2$ 电导率 σ 变化的曲线

如图 11-7 所示，电导率 σ 的降低导致 EIT 效应的耦合强度逐渐减弱，透明峰频率向较低频率范围偏移。而当 σ 为 200 s/m 时，EIT 现象消失，传输谱转变为一个明确的谐振曲线。当电导率 σ 为 200 s/m 时，EIT 结构的电场分布如图 11-8 所示。由图 11-8 可以看出，此时电磁能量主要集中于 HWs 结构中，说明电磁能量并未转移到 HSRR 结构。这表明并未发生明模式谐振到暗模式谐振的近场耦合，因此没有产生 EIT 现象。电场分布与传输谱的谐振曲线特征相符。

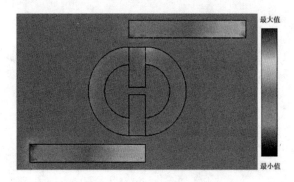

图 11-8　σ 为 200 s/m 时，EIT 结构的电场分布图

图 11-9 展示了 VO_2 电导率 σ 变化过程中，混合 EIT 结构的慢光特性曲线。由图 10-9 可以看出，当电导率 σ 为 2×10^5 s/m 时，透明峰 1.81 THz 处的群延时为 5.6 ps，而随着电导率 σ 减小，群延时逐渐减小，表明慢光特性也随之减弱。

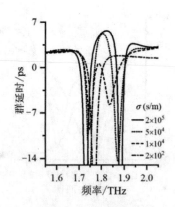

图 11-9　不同 VO_2 的电导率 σ 对应的 EIT 结构的群延时曲线

11.3 调节机理分析

为了进一步定量分析 VO$_2$ 电导率 σ 的改变对混合 EIT 结构的性能影响，本节利用二粒子机械模型分析电导率 σ 变化过程中，两个谐振子的谐振参数和二者之间相互耦合作用的改变程度。本节对图 11-7 所示的混合 EIT 结构随电导率 σ 变化的传输谱进行拟合，拟合结果如图 11-10 所示，这里，粒子 1 和 2 分别代表 HSRR 和 HWs。由图 11-10 可以看出二粒子机械模型可以较好地拟合该金属和 VO$_2$ 混合 EIT 结构随电导率 σ 变化的电磁波传输过程。图 11-11 为拟合参数数值。

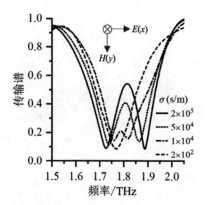

图 11-10　不同 VO$_2$ 的电导率 σ 对应的 EIT 结构的拟合传输谱

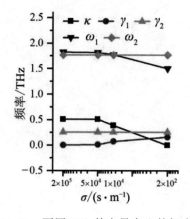

图 11-11　不同 VO$_2$ 的电导率 σ 的拟合数值

由图 11-11 可以看出，随着电导率 σ 的降低，耦合系数、固有谐振频率 ω_1 和阻尼率 γ_1 都显著减小。相反，阻尼率 γ_2 和谐振频率 ω_2 则表现出相对稳定性。因此，VO$_2$ 电导率 σ 的调节并不会对明模式谐振器（HWs，粒子 2）的参数产生影响。VO$_2$ 电导率 σ 对 EIT 现象的调节源于对暗模式谐振器（HSRR，振荡器 1）的阻尼率和固有谐振频率的调节。本章讨论的 EIT 结构中对暗模式谐振单元的损耗调节与参考文献[137]相似，不同之处在于，参考文献[137]探讨了通过调整石墨烯的费米能级来增加暗模式谐振单元的损耗。

参考文献

[1] WEIGLHOFER W S，LAKHTAKIA A. Introduction to Complex Mediums for Optics and Electromagnetics[M]. Bellingham：SPIE Press，2003：5-10.

[2] CUI T J，SMITH D R，LIU R. Metamaterials：Theory，Design and Applications[M]. New York：Springer，2009：1-5.

[3] LI F，LIANG Z，CHENG J. Acoustic metamaterials that possess blocked-solid or vacuum-like dispersion curves[J]. Applied Physics Letters，2004，84(15)：2943-2945.

[4] SPADONI A，RUPIN M，COLLET M，BENCHABANE S. Near-field characterization of subdiffraction propagation of acoustic waves in a phononic crystal[J]. Applied Physics Letters，2010，96(14)：141903.

[5] HUSSEIN M，LEAMY M，MINNICH A. J. Superlensing effect in phononic crystals [J]. Applied Physics Letters，2006，88(6)：064102.

[6] FAN X，WANG C，ZHANG L，DARAIO C. Negative Refraction of Elastic Waves at the Deep-Subwavelength Scale in a Single-phase Metamaterial[J]. Nature Communications，2015，6：7042.

[7] LIU R，JI C，MOCK J J，CHIN J Y，CUI T J，SMITH D R. Acoustic cloaking in three dimensions using acoustic metamaterials[J]. Applied Physics Letters，2009，94(22)：223511.

[8] SHI Y，YU Z，FAN S，ZHANG X. Topological Acoustic Delay Line[J]. Physical Review Letters，2019，122(20)：204301.

[9] TAN X J，WANG B，ZHU S W，CHEN S，YAO K L，XU P F，WU L Z，SUN Y G. Novel multidirectional negative stiffness mechanical metamaterials[J]. Smart Materials and Structures，2020，29：015037.

[10] LAKES J A. Mechanical metamaterials with a negative Poisson's ratio are auxetic[J]. Nature，1987，358(6381)：397-399.

[11] MEDINA E，FARRELL P E，BERTOLDI K，RYCROFT C H. Navigating the landscape of 18 nonlinear mechanical metamaterials for advanced programmability[J]. Physical Review B，2020，101：064101.

[12] AL-KETAN O，ABU AL-RUB R K. Multifunctional mechanical-metamaterials based on triply periodic minimal surface lattices：A review [J].

Advanced Engineering Materials，2019，21：1900524.

[13] LI B，WANG L，CASELLI A，CHIAPPINI A，FERRARI V. Thermal metamaterials and devices[J]. Reports on Progress in Physics，2019，82(1)：016401.

[14] ZHENG Y，ZHANG X. Metamaterials for manipulating thermal radiation[J]. Advances in Optics and Photonics，2013，5(4)：1-87.

[15] LI Y，et al. Transforming heat transfer with thermal metamaterials and devices [J]. Nature Reviews Materials，2021，6：488-507.

[16] NARAYANASWAMY A，CHEN G. Thermal phononic metamaterials using layered polymer-based nanostructures[J]. Applied Physics Letters，2008，92(15)：151911.

[17] GUENNEAU S，MOVCHAN A B. Experiments on flexural waves in thin plates perforated with arrays of holes：extraordinary transmission， negative refraction， and focusing[J]. Physical Review B，2007，76(1)：144-148.

[18] SONG J C W，GABOR N M. Electron quantum metamaterials in van der Waals heterostructures[J]. Nature Nanotechnology，2018，13：986-993.

[19] ZAGOSKIN A M，FELBACQ D，ROUSSEAU E. Quantum metamaterials in the microwave and optical ranges[J]. EPJ Quantum Technology，2016，3：2.

[20] ALAEE R，GURLEK B，ALBOOYEH M，MARTÍN-CANO D，SANDOGHDAR V. Quantum Metamaterials with Magnetic Response at Optical Frequencies[J]. Physical Review Letters，2020，125：063601.

[21] YAN C，CUI Y，WANG Q，et al. Superwide-band negative refraction of a symmetrical E-shaped metamaterial with two electromagnetic resonances[J]. Physical Review E，2008，77(5)：056604.

[22] ZHOU J，ZHANG L，TUTTLE G，et al. Negative index materials using simple short wire pairs[J]. Physical Review B，2006，73(4)：041101.

[23] MEI J S，WU Q，ZHANG K. Complementary cloak based on conventional cloak with axial symmetrical cloaked region[J]. Applied Physics A，2012，108：1001-1005.

[24] LI N C，MEI J S，GONG D G，SHIA Y C. Broadband and tunable terahertz polarization converter based on graphene composite metasurface [J]. Optics Communications，2022，521：128581.

[25] ENGHETA N. Antenna-Guided Light[J]. Science，2011，334(6054)：317-318.

[26] YU N，GENEVET P，KATS M A，et al. Light Propagation with Phase Discontinuities：Generalized Laws of Reflection and Refraction[J]. Science，2011，334(6054)：333-337.

[27] JIANG Y Y，ZHANG Y Q，SHI H Y，et al. The Goos-Hanchen shift on the surface of uniaxially anisotropic left-handed materials [J]. Acta Physica Sinica，2007，56(2)：798-804.

[28] LANDY N I，SAJUYIGBE S，MOCK J J，et al. Perfect Metamaterial Absorber[J]. Physical Review Letters，2008，100(20)：207402.

[29] GARCIA N，NIETO V M. Left-handed materials do not make a perfect lens[J]. Physical Review Letters，2002，88(20)：969-985.

[30] LUO C，IBANESCU M，JOHNSON S G，et al. Cerenkov Radiation in Photonic Crystals[J]. Science，2003，299(5605)：368-371.

[31] SEDDON N，BEARPARK T. Observation of the Inverse Doppler Effect[J]. Science，2003，302(5650)：1537-1540.

[32] SMITH D R，PADILLA W J，VIER D C，et al. Composite medium with simultaneously negative permeability and permittivity[J]. Physical Review Letters，2000，84(18)：4184-4187.

[33] SHALEV V M. Optical negative-index metamaterials[J]. Nature Photonics，2007，1(1)：41-48.

[34] CAI W，SHALEV V M. Optical metamaterials：fundamentals and applications[J]. Nanotechnology，Science and Applications，2007，1：1-17.

[35] ZHELUDEV N I，KIVSHAR Y S. From metamaterials to metadevices[J]. Nature Materials，2012，11(11)：917-924.

[36] PENDRY J B，SCHURIG D，SMITH D R. Controlling electromagnetic fields[J]. Science，2006，312(5781)：1780-1782.

[37] HE X，WANG D，JIANG J，LU G，YAO Y，GAO Y，YANG Y. Multidimensional manipulation of broadband absorption with dual-controlled terahertz metamaterial absorbers[J]. Diamond and Related Materials，2022，125：108977.

[38] HE X，LIU F，LIN F，SHI W. Tunable terahertz Dirac semimetal metamaterials[J]. Journal of Physics D：Applied Physics，2021，54(23)：235103.

[39] JAHANI S，JACOB Z. All-dielectric metamaterials[J]. Nature Nanotechnology，2016，11：23-36.

[40] SHU C，et al. Active manipulation of toroidal resonance in hybrid metal-vanadium dioxide metamaterial[J]. Results in Physics，2022，33：105146.

[41] SHU C，ZHANG C，YE Y，et al. Actively Tunable and Polarization-Independent Toroidal Resonance in Hybrid Metal-Vanadium Dioxide Metamaterial[J]. Journal of Electronic Materials，2023，52：691-696.

[42] Gong D G，Mei J S，Li N C，Shi Y C，Tunable metamaterial absorber based on VO_2-graphene [J].Materials Research Express，2022，9：115803.

[43] PATEL S K, PARMAR J, SURVE J, DAS S, MADHAV B T P, TAYA S A. Metamaterial-based refractive index sensor using $Ge_2Sb_2Te_5$ substrate for glucose detection[J]. Microwave and Optical Technology Letters, 2022, 64(5): 867-872.

[44] MEI J S, SHU C, YANG P Z, Tunable electromagnetically induced transparency in graphene metamaterial in two perpendicular polarization directions [J], Applied Physics B, 2019, 125: 130.

[45] HARRIS S E. Lasers without inversion: Interference of lifetime-broadened resonances[J]. Physical Review Letters, 1989, 62(9): 1033-1036.

[46] BOLLER K J, IMAMOGLU A, HARRIS S E. Observation of electromagnetically induced transparency[J]. Physical Review Letters, 1991, 66(20): 2593-2596.

[47] HARRIS S E, FIELD J E, IMAMOGLU A. Nonlinear optical processes using electromagnetically induced transparency[J]. Physical Review Letters, 1990, 64(10): 1107-1110.

[48] HAM B S, HEMMER P R, SHAHRIAR M S. Efficient electromagnetically induced transparency in a rare-earth doped crystal[J]. Optics Communications, 1997, 144(4): 227-230.

[49] SERAPIGLIA G B, PASPALAKIS E, SIRTORI C, et al. Laser-Induced Quantum Coherence in a Semiconductor Quantum Well[J]. Physical Review Letters, 2000, 84(5): 1019-1022.

[50] MARCINKEVICIUS S, GUSHTEROV A, REITHMAIER J P. Transient electromagnetically induced transparency in self-assembled quantum dots[J]. Applied Physics Letters, 2008, 92(4): 041113.

[51] HAU L V, HARRIS S E, DUTTON Z, et al. Light speed reduction to 17 metres per second in an ultracold atomic gas[J]. Nature, 1999, 397(6720): 594-598.

[52] ZHANG S, GENOV D A, WANG Y, et al. Plasmon-Induced Transparency in Metamaterials[J]. Physical Review Letters, 2008, 101(4): 047401.

[53] TASSIN P, ZHANG L, KOSCHNY T, et al. Low-Loss Metamaterials Based on Classical Electromagnetically Induced Transparency[J]. Physical Review Letters, 2009, 102(5): 053901.

[54] KOSCHNY T, MARKOS P, ECONOMOU E N, et al. Impact of inherent periodic structure on effective medium description of left-handed and related metamaterials[J]. Physical Review B, 2005, 71(24): 245105.

[55] TASSIN P, ZHANG L, KOSCHNY T, et al. Planar designs for electromagnetically induced transparency in metamaterials[J]. Optics Express, 2009, 17(7): 5595-5605.

[56] LIU N, LANGGUTH L, WEISS T, et al. Plasmonic analogue of

electromagnetically induced transparency at the Drude damping limit[J]. Nature Materials，2009，8：758-762.

[57] CHIAM S Y，SINGH R，ROCKSTUHL C，et al. Analogue of electromagnetically induced transparency in a terahertz metamaterial[J]. Physical Review B，2009，80(15)：153103.

[58] DONG Z G，LIU H，CAO J X，et al. Enhanced sensing performance by the plasmonic analog of electromagnetically induced transparency in active metamaterials[J]. Applied Physics Letters，2010，97(11)：114101.

[59] TSAKMAKIDIS K L，WARTAK M S，COOK J J H，et al. Negative-permeability electromagnetically induced transparent and magnetically active metamaterials[J]. Physical Review B，2010，81(19)：195128.

[60] KURTER C，TASSIN P，ZHANG L，et al. Classical Analogue of Electromagnetically Induced Transparency with a Metal-Superconductor Hybrid Metamaterial[J]. Physical Review Letters，2011，107(4)：043901.

[61] WU J，JIN B，WAN J，et al. Superconducting terahertz metamaterials mimicking electromagnetically induced transparency[J]. Applied Physics Letters，2011，99(16)：161113.

[62] KIM J，SOREF R，BUCHWALD W R. Multi-peak electromagnetically induced transparency (EIT)-like transmission from bull's-eye-shaped metamaterial[J]. Optics Express，2010，18(17)：17997-18002.

[63] ÇETIN A E，ARTAR A，TURKMEN M，et al. Plasmon induced transparency in cascaded π-shaped metamaterials[J]. Optics Express，2011，19(23)：22607-22618.

[64] ZHANG J，XIAO S，JEPPESEN C，et al. Electromagnetically induced transparency in metamaterials at near-infrared frequency[J]. Optics Express，2010，18(16)：17187-17192.

[65] ZHANG L，TASSIN P，KOSCHNY T，et al. Large group delay in a microwave metamaterial analog of electromagnetically induced transparency[J]. Applied Physics Letters，2010，97(24)：241904.

[66] MENG F Y，FU J H，ZHANG K，et al. Metamaterial analogue of electromagnetically induced transparency in two orthogonal directions[J]. Journal of Physics D：Applied Physics，2011，44(26)：265402.

[67] JIN X R，PARK J，ZHENG H，et al. Highly-dispersive transparency at optical frequencies in planar metamaterials based on two-bright-mode coupling[J]. Optics Express，2011，19(22)：21652-21657.

[68] LIU N，WEISS T，MESCH M，et al. Planar Metamaterial Analogue of Electromagnetically Induced Transparency for Plasmonic Sensing[J]. Nano Letters，2010，10(4)：1103-1107.

[69] SUN Y，JIANG H，YANG Y，et al. Electromagnetically induced

transparency in metamaterials：Influence of intrinsic loss and dynamic evolution[J]. Physical Review B，2011，83(19)：195140.

[70] JIN X R，LU Y，PARK J，et al. Manipulation of electromagnetically-induced transparency in planar metamaterials based on phase coupling[J]. Journal of Applied Physics，2012，111(7)：073101.

[71] MENG F，WU Q，ERNI D，et al. Polarization-Independent Metamaterial Analog of Electromagnetically Induced Transparency for a Refractive-Index-Based Sensor[J]. IEEE Transactions on Microwave Theory and Techniques，2012，60(10)：3013-3022.

[72] ZHU L，MENG F Y，FU J H，et al. An electromagnetically induced transparency metamaterial with polarization insensitivity based on multi-quasi-dark modes[J]. Journal of Physics D：Applied Physics，2012，45(44)：445105.

[73] ZHANG J，LIU W，YUAN X，et al. Electromagnetically induced transparency-like optical responses in all-dielectric metamaterials[J]. Journal of Optics，2014，16(12)：125102.

[74] YANG Y，KRAVCHENKO I I，BRIGGS D P，et al. All-dielectric metasurface analogue of electromagnetically induced transparency[J]. Nature Communications，2014，5：5753.

[75] SUN Y，TONG Y W，XUE C H，et al. Electromagnetic diode based on nonlinear electromagnetically induced transparency in metamaterials[J]. Applied Physics Letters，2013，103(9)：091904.

[76] GU J，SINGH R，LIU X，et al. Active control of electromagnetically induced transparency analogue in terahertz metamaterials[J]. Nature Communications，2012，3：1151.

[77] CAO W，SINGH R，ZHANG C，et al. Plasmon-induced transparency in metamaterials：Active near field coupling between bright superconducting and dark metallic mode resonators[J]. Applied Physics Letters，2013，103(10)：101106.

[78] NAKANISHI T，OTANI T，TAMAYAMA Y，et al. Storage of electromagnetic waves in a metamaterial that mimics electromagnetically induced transparency[J]. Physical Review B，2013，87(16)：161110.

[79] CHENG H，CHEN S，YU P，et al. Dynamically tunable plasmonically induced transparency in periodically patterned graphene nanostrips[J]. Applied Physics Letters，2013，103(20)：203112.

[80] DING J，ARIGONG B，REN H，et al. Tunable complementary metamaterial structures based on graphene for single and multiple transparency windows[J]. Scientific Reports，2014，4：6128.

[81] HU S，LIU D，LIN H，et al. Analogue of ultra-broadband and polarization-

independent electromagnetically induced transparency using planar metamaterial[J]. Journal of Applied Physics，2017，121(12)：123103.

[82] ZHU L，DONG L，GUO J，et al. Polarization-independent transparent effect in windmill-like metasurface[J]. Journal of Physics D：Applied Physics，2018，51(26)：265101.

[83] LI R，Kong X K，LIU S，et al. Planar metamaterial analogue of electromagnetically induced transparency for a miniature refractive index sensor[J]. Physics Letters A，2019，383：125947.

[84] XIANG Y，ZHAI X，LIN Q，et al. Dynamically Tunable Plasmon-Induced Transparency Based on an H-Shaped Graphene Resonator[J]. IEEE Photonics Technology Letters，2018，30(7)：622-625.

[85] NIU Y，WANG J，HU Z，et al. Tunable plasmon-induced transparency with graphene-based T-shaped array metasurfaces[J]. Optics Communications，2018，416：77-83.

[86] CAO M，WANG H，LI L. Dynamically adjusting plasmon-induced transparency and slow light based on graphene meta-surface by bright-dark mode coupling[J]. Physics Letters A，2018，382(30)：1978-1981.

[87] LIAO C L，FU G L，XIA S X，et al. Tunable plasmon-induced transparency based on graphene nanoring coupling with graphene nanostrips[J]. Journal of Modern Optics，2018，65(3)：268-274.

[88] ZHANG H，CAO Y，LIU Y，et al. Electromagnetically Induced Transparency Based on Cascaded π-Shaped Graphene Nanostructure[J]. Plasmonics，2017，12(6)：1833-1839.

[89] CHEN D C，LI H J，XIA S X，et al. Dynamically tunable electromagnetically-induced-transparency-like resonances in graphene nanoring and nanodisk hybrid metamaterials[J]. Europhysics Letters，2017，119(4)：47002.

[90] FU G L，ZHAI X，LI H J，et al. Dynamically tunable plasmon induced transparency in graphene metamaterials[J]. Journal of Optics，2016，19(1)：015001.

[91] DEVI K M，ISLAM M，CHOWDHURY D R，et al. Plasmon-induced transparency in graphene-based terahertz metamaterials[J]. Europhysics Letters，2017，120(2)：27005.

[92] WANG X，XIA X，WANG J，et al. Tunable plasmonically induced transparency with unsymmetrical graphene-ring resonators[J]. Journal of Applied Physics，2015，118(1)：013101.

[93] LING F，YAO G，YAO J. Active tunable plasmonically induced polarization conversion in the THz regime[J]. Scientific Reports，2016，6：34994.

[94] HE X，ZHANG Q，LU G，et al. Tunable ultrasensitive terahertz sensor based

on complementary graphene metamaterials[J]. RSC Advances，2016，6(57)：52212-52218.

[95] FU G L，ZHAI X，LI H J，et al. Tunable plasmon-induced transparency based on bright-bright mode coupling between two parallel graphene nanostrips[J]. Plasmonics，2016，11(6)：1597-1602.

[96] JIANG J，ZHANG Q，MA Q，et al. Dynamically tunable electromagnetically induced reflection in terahertz complementary graphene metamaterials[J]. Optical Materials Express，2015，5(9)：1962-1971.

[97] ZENG C，CUI Y，LIU X. Tunable multiple phase-coupled plasmon-induced transparencies in graphene metamaterials[J]. Optics Express，2015，23(1)：545-551.

[98] LU W B，LIU J L，ZHANG J，et al. Polarization-independent transparency window induced by complementary graphene metasurfaces[J]. Journal of Physics D：Applied Physics，2016，50(1)：015106.

[99] LIU T，WANG H，LIU Y，et al. Independently tunable dual-spectral electromagnetically induced transparency in a terahertz metal-graphene metamaterial[J]. Journal of Physics D：Applied Physics，2018，51(41)：415105.

[100] LAO C D，LIANG Y Y，WANG X J，et al. Dynamically tunable resonant strength in electromagnetically induced transparency (EIT) analogue by hybrid metal-graphene metamaterials[J]. Nanomaterials，2019，9(2)：171.

[101] ZHANG C Y，WANG Y，YAO Y，et al. Active control of electromagnetically induced transparency based on terahertz hybrid metal-graphene metamaterials for slow light applications[J]. Optik，2020，200：163398.

[102] SHU C，MEI J S. Tunable manipulation of electromagnetically induced transparency in resonance amplitude based on metal-graphene complementary metamaterial [J]. Optics Communications，2020，459：124966.

[103] ZHU L，DONG L，GUO J，et al. Tunable electromagnetically induced transparency in hybrid graphene/all-dielectric metamaterial[J]. Applied Physics A，2017，123(3)：192.

[104] KANG L，HAO J Z，YUE T，et al. Handedness Dependent Electromagnetically Induced Transparency in Hybrid Chiral Metamaterials[J]. Scientific Reports，2015，5：12224.

[105] YANG L，FAN F，CHEN M，et al. Active terahertz metamaterials based on liquid-crystal induced transparency and absorption[J]. Optics Communications，2017，382：42-48.

[106] ZHANG C，WU J，JIN B，et al. Tunable electromagnetically induced transparency from a superconducting terahertz metamaterial[J]. Applied

Physics Letters，2017，110(24)：241105.

[107] CHEN H，ZHANG H，LIU M，et al. Realization of tunable plasmon-induced transparency by bright-bright mode coupling in Dirac semimetals[J]. Optical Materials Express，2017，7(9)：3397-3407.

[108] LIU H，REN G，GAO Y，et al. Tunable subwavelength terahertz plasmon-induced transparency in the InSb slot waveguide side-coupled with two stub resonators[J]. Applied Optics，2015，54(13)：3918-3924.

[109] HE X，YANG X，LU G，et al. Implementation of selective controlling electromagnetically induced transparency in terahertz graphene metamaterial[J]. Carbon，2017，123：668-675.

[110] SHU C， CHEN Q G， MEI J S， YIN J H. Dynamically tunable implementation of electromagnetically induced transparency based on bright and dark modes coupling graphene-nanostrips[J]. Optics Communications，2018，420：65-71.

[111] CHANG SHU， JINSHUO MEI. Active and selective manipulation of dual transparency windows in hybrid graphene-vanadium dioxide metamaterial [J]. Optik，2022，252：168519.

[112] ZHU L， DONG L， MENG F Y，FU J H，WU Q. Influence of symmetry breaking in a planar metamaterial on transparency effect and sensing application [J]. Applied Optics，2012 51：7794-7799.

[113] CHEN X，GRZEGORCZYK T M，WU B I，et al. Robust method to retrieve the constitutive effective parameters of metamaterials[J]. Physical Review E，2004，70(1)：016608.

[114] LAGARKOV A N，SARYCHEV A K，SMYCHKOVICH Y R，et al. Effective Medium Theory For Microwave Dielectric Constant and Magnetic Permeability of Conducting Stick Composites[J]. Journal of Electromagnetic Waves and Applications，1992，6(7)：1159-1176.

[115] WU Y，LI J，ZHANG Z Q，et al. Effective medium theory for magnetodielectric composites：Beyond the long-wavelength limit[J]. Physical Review B，2006，74(8)：085111.

[116] O'BRIEN S，PENDRY J B. Photonic band-gap effects and magnetic activity in dielectric composites[J]. Journal of Physics：Condensed Matter，2002，14(15)：4035-4044.

[117] SHU C， CHEN Q G， MEI J S， YIN J H. Analogue of tunable electromagnetically induced transparency in terahertz metal-graphene metamaterial [J]. Materials Research Express，2019，6：055808.

[118] SZABO Z，PARK G，HEDGE R，et al. A Unique Extraction of Metamaterial Parameters Based on Kramers–Kronig Relationship[J]. IEEE Transactions on Microwave Theory and Techniques，2010，58(10)：2646-

2653.

[119] HU T, LANDY N I, BINGHAM C M, ZHANG X, AVERITT R D, PADILLA W J. A metamaterial absorber for the terahertz regime: Design, fabrication and characterization [J]. Optics Express, 2008, 16: 7181-7188.

[120] Wang Z, Cheng F, Winsor T, Liu Y. Optical chiral metamaterials: a review of the fundamentals, fabrication methods and applications [J]. Nanotechnology 2016, 27: 412001.

[121] ASKARI M, HUTCHINS D A, THOMAS P J, ASTOLFI L, WATSON R L, ABDI M, RICCI M, LAURETI S, NIE L, FREEAR S, et al. Additive manufacturing of metamaterials: A review [J]. Additive Manufacturing, 2020, 36: 101562.

[122] GRIFFITHS M B E. et al. Surfactant directed growth of gold metal nanoplates by chemical vapor deposition [J]. Chemistry of Materials, 2015, 27: 6116-6124.

[123] SULTANA T, NEWAZ G, GEORGIEV G, BAIRD R, AUNER G, PATWA R, HERFURTH H. A study of titanium thin films in transmission laser micro-joining of titanium-coated glass to polyimide [J]. Thin Solid Films, 2010, 518: 2632-2636.

[124] ZHANG Y, ZHANG L, ZHOU C. Review of Chemical Vapor Deposition of Graphene and Related Applications [J]. Chemical Research, 2013, 46(10): 2329-2339.

[125] OSMOLOVSKAYA O M, MURIN I V, SMIRNOV V M, OSMOLOVSKY M G. Synthesis of vanadium dioxide thin films and nanoparticles: A brief review [J]. Reviews in Advanced Materials Science, 2014, 36: 70-74.

[126] AKHTER Z, AKHTER M J. Free-Space Time Domain Position Insensitive Technique for Simultaneous Measurement of Complex Permittivity and Thickness of Lossy Dielectric Samples[J]. IEEE Transactions on Instrumentation and Measurement, 2016, 65(10): 2394-2405.

[127] CULLEN A L. A new free-wave method for ferrite measurement at millimeter wavelengths[J]. Radio Science, 1987, 22(7): 1168-1170.

[128] ZHU L, MENG F Y, DONG L, et al. Tunable Transparency Effect in a Symmetry Metamaterial Based on Subradiant Magnetic Resonance[J]. IEEE Transactions on Magnetics, 2014, 50(1): 1-4.

[129] 朱磊. 电磁感应透明超介质研究[D]. 博士学位论文, 黑龙江: 哈尔滨工业大学, 2014, 16-17.

[130] SHU C, MEI J S, Realizations of electromagnetically induced transparency effect in microwave frequency based on metamaterials [J].

Integrated Ferroelectrics，2020，210：188-196.

[131] NING R，LIU S，ZHANG H，et al. A wide-angle broadband absorber in graphene-based hyperbolic metamaterials[J]. The European Physical Journal-Applied Physics，2014，68(2)：20401.

[132] SHU C，CHEN Q G，MEI J S，YIN J H，Dynamically tunable implementation of electromagnetically induced transparency with two coupling graphene-nanostrips in terahertz region [J]，Optics Communications，2018，411：48-52.

[133] LI J，YU P，CHENG H，et al. Optical Polarization Encoding Using Graphene-Loaded Plasmonic Metasurfaces [J]. Advanced Optical Materials，2016，4：91-98.

[134] ZHU L，HE R M，DONG L，HE X J，MENG F Y. Tunable terahertz metamaterial based on vanadium dioxide for electromagnetically induced transparency and reflection [J]. Optics Engineering，2023，62(6)：067102.

[135] ZHANG M，SONG Z Y. Switchable terahertz metamaterial absorber with broadband absorption and multiband absorption [J]. Optics Express，2021，29(14)：21551-21561.

[136] MEI J，SONG C，SHU C. Active manipulation of dual transparency windows in dark-bright-dark mode coupling graphene metamaterial[J]. Optics Communications，2021，488(10)：126851.

[137] HE X，YANG X，LI S，et al. Electrically active manipulation of electromagnetic induced transparency in hybrid terahertz metamaterial[J]. Optical Materials Express，2016，6(10)：3075-3085.

[138] XIAO S，WANG T，LIU T，et al. Active modulation of electromagnetically induced transparency analogue in terahertz hybrid metal-graphene metamaterials [J]. Carbon，2018，126：271-278.

[139] LIU T，WANG H，LIU Y，et al. Active manipulation of electromagnetically induced transparency in a terahertz hybrid metamaterial[J]. Optics Communications，2018，426：629-634.

[140] 王越，冷雁冰，王丽，等. 基于石墨烯振幅可调的宽带类电磁诱导透明超材料设计[J]. 物理学报，2018，67(9)：097801.

[141] ZELDOVICH I B. Electromagnetic interaction with parity violation [J]. Soviet Physics Journal of Experimental and Theoretical Physics，1958，6(6)：1184-1186.

[142] DUBOVIK V M，TUGUSHEV V V. Toroid moments in electrodynamics and solid-state physics [J]. Physics Reports，1990，187：145.

[143] LI M H，GUO L Y，DONG J F，YANG H L. Resonant transparency in planar metamaterial with toroidal moment [J]. Applied Physics Express，2014，7：082201.

[144] KAELBERER T，FEDOTOV V A，PAPASIMAKIS N，TSAI D P，ZHELUDEV N I. Toroidal dipolar response in a metamaterial [J]. Science，2010，330：1510-1512.

[145] CHEN H T，YANG H，SINGH R，O'HARA J F，AZAD A K，TRUGMAN S A，et al. Tuning the resonance in high-temperature superconducting terahertz metamaterials [J]. Physical Review Letters，2010，105：247402.